油气田数字化管理（采油）

李安琪　吴志宇　著

让数字说话
听数字指挥

PetroChina

石油工业出版社

内 容 提 要

《油气田数字化管理（采油）》是《油气田数字化管理》一书的延伸和实践，重点阐述了现代化采油厂以“指挥中心—调控中心—站控中心”为中枢的劳动组织架构改革和生产运行方式优化，形成了数字化油田管理所涉及的建设标准、技术规范和管理方法。本书可作为企业管理人员、科研技术人员和操作人员学习、了解数字化管理的教材。

图书在版编目（CIP）数据

油气田数字化管理（采油）/李安琪，吴志宇著.
北京: 石油工业出版社, 2013.8
ISBN 978-7-5021-9673-8

Ⅰ.油…
Ⅱ.①李…②吴…
Ⅲ.油气田管理-数字化
Ⅳ.TE3-39

中国版本图书馆CIP数据核字（2013）第150576号

出版发行：石油工业出版社
（北京安定门外安华里 2 区 1 号　100011）
网　址：http://pip.cnpc.com.cn
编辑部：（010）64255590 发行部：（010）64523620
经　　销：全国新华书店
印　　刷：北京中石油彩色印刷有限责任公司

2013年8月第1版　2013年8月第1次印刷
787×1092毫米　开本：1/16　印张：13
字数：160千字

定价：68.00元
（如出现印装质量问题，我社发行部负责调换）

前言 PREFACE

党的十八大报告明确提出了“坚持走中国特色新型工业化、信息化、城镇化、农业现代化道路，推动信息化和工业化深度融合。”我国目前还是一个自然资源和能源的消耗大国，信息经济对自然资源和能源依赖程度低的特点决定了油气资源企业必须走“两化融合”的新型工业化道路。

现阶段，石油石化行业均开展了不同程度的数字化建设探索和实践，主要通过信息技术、自动控制和人机工程等高度集成，并融入油气田生产过程管理中，实现对油气生产过程和油气藏实时监测、分析、优化和调整，油气田日常生产网络化、智能化管理能力显著增强，信息化已成为转变发展方式的最主要驱动力。数字化油气田建设包括硬件建设、软件建设、管理架构建设三个阶段。按照地面装备小型化、集成化、橇装化建设思路，研发配套数字化生产指挥系统，从而形成同一平台、信息共享、多级监视、分散控制的管理架构。

在油气田企业推进数字化建设的同时，企业劳动组织架构、生产运行管理方式、安全风险控制、员工工作方式随之发生了革命性变化，大幅提高了生产作业和运行管理效率，显著改善了员工生产生活环境，实现了油气产量翻番，用工总量保持不增。2012年，国家信息化专家咨询委员会在长庆油田考察调研后对数字化建设取得的成果给予了高度评价，认为数字化管理对大中型企业推进两化融合具有“典型示范作用，值得大力推广”。

根据油田数字化管理理论基础和实践定位，本书作为《油气田数字化管理》的续篇，在融合前篇内容的基础上，从数字油田建设、劳动组织管理、岗位管理规范、生产运行管理、安全预警管理、数字化运维管理六个方面详细阐述了油田从数字化建设到维护运行的整套方法和流程，涵盖了数字化管理的基本理论、技术和方法。全书采取图文并茂的方式，深入浅

前言 PREFACE

出地介绍了油田数字化管理的基本思想和方法，既是一本功能健全的管理工具书，也可作为大中专院校师生、企业管理人员、科研技术人员和操作人员学习、了解数字化管理的学习教材，具有较高的实用价值。

管理创新永无止境。《油气田数字化管理（采油）》中所涉及的许多理论和方法仍需不断进行创新和完善，需要我们在实践中总结，在工作中改进，努力助推油气田企业信息化建设新发展。

目录 CONTENTS

目 录 CONTENTS

数字油田建设

SHU ZI YOU TIAN JIAN SHE

为贯彻落实“大力推进信息化与工业化深度融合，走中国特色新型工业化道路，促进经济发展方式转变和工业转型升级”的精神，油气田企业结合生产实际，进行了不同程度的数字化建设与应用实践。以采油厂为例，新油田按照地面装备小型化、集成化、橇装化的技术思路，推广应用数字化新设备、新工艺和油水井生产控制系列装备，实现标准化、网络化、智能化管理。老油田按照“关、停、并、转、简”建设思路，进行流程优化、简化，减少管理站点数量，实现井站无人值守和作业区劳动组织架构扁平化管理，真正实现“让数字说话、听数字指挥”。

一、建设架构

数字化管理是指运用计算机、通信、网络、人工智能等技术，量化管理对象与管理行为，实现计划、组织、协调、服务、创新等职能的管理活动和管理方法的总称。通俗地说就是“让数字说话、听数字指挥”。

油田数字化管理立足油田生产与管理实际，通过分析梳理勘探、开发、生产的业务和管理流程，总结国内外数字油田建设经验，提出“三端、五系统、三辅助”的建设架构。本书介绍前端和中端建设。

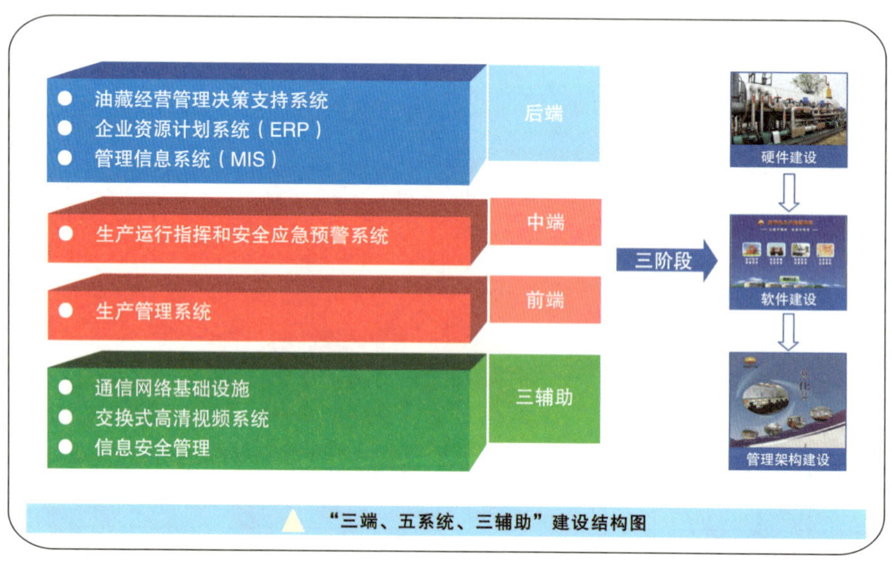

“三端、五系统、三辅助”建设结构图

前端：以基本生产单元过程控制为核心，以站点为中心辐射到井，构成基本生产单元。站控中心实现井站的远程管理，把没有围墙的工厂变成“有围墙”的工厂。

中端：以基本集输单元运行管理为核心，以联合站为中心辐射到站和外输管线，构成生产管理单元。中端数字化管理涵盖生产指挥调度、安全

环保监控、应急抢险等生产过程管理。

井场与站点组成的基本生产单元、联合站与外输管线组成的基本集输单元是数字化建设过程中的重心和基础。数字化建设要坚持“两高、一低、三优化、两提升”的建设思路，实施过程中突出“三个结合”、注重“五个统一”、推进“两个转变”和抓好“三个层次”。

两高：高水平、高效率。

一低：低成本。

三优化：优化工艺流程、优化地面设施、优化管理模式。

两提升：提升工艺过程的监控水平、提升生产管理过程智能化水平。

三个结合：与生产相结合、与安全相结合、与岗位相结合。

五个统一：标准统一、技术统一、平台统一、设备统一、管理统一。

两个转变：思维方式的转变、工作方式的转变。

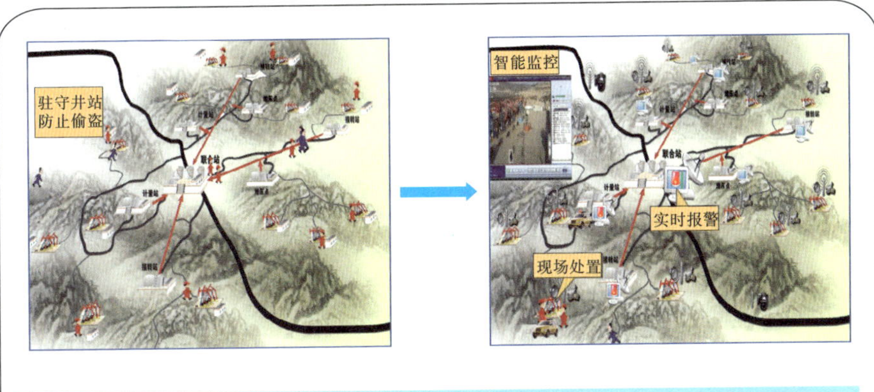

工作方式转变

三个层次：油田前端生产过程的数据采集与监控；动态分析；实现采油厂、油田公司层面对油藏、油田的全方位管理。

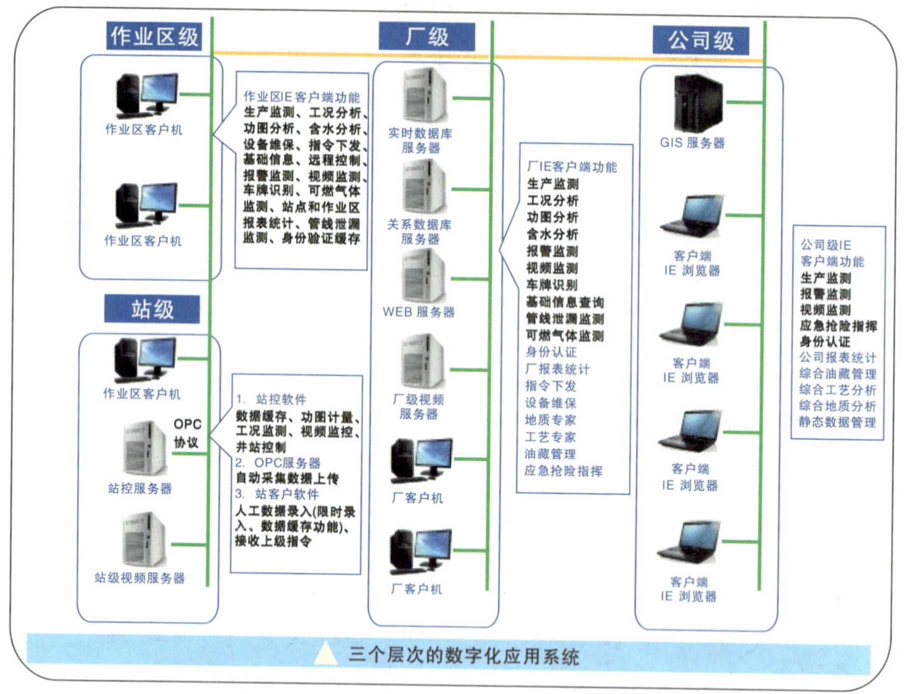

三个层次的数字化应用系统

二、数字化硬件建设

以油田现场的前端井站和管线等为物联对象，结合仪表和自控设备的网络化、智能化发展趋势，开展底层嵌入式集成应用，形成了智能分析、自动调节、集成嵌入、数字传输等6大系列25项数字化应用技术。数字化油田建设系统应用了以下11项关键技术。

（一）关键技术

1. 油井功图计量

抽油机安装载荷、角位移传感器，采集油井功图数据，运用功图计量设备及软件，实时监控油井工况、进行产量计量预警管理，为油井工况分析、单井产量计算提供实时数据。

2. 抽油机运行监测与控制

在抽油机的电控箱内安装配电参数监控模块，采集抽油机电动机的相电流和相电压，实现抽油机运行状态监测和远程启停控制功能，通过视频确认抽油机周围有无移动体（人、动物）或障碍物，在确保安全情况下通过平台软件远程启停，并具备启停井的语音提示功能。

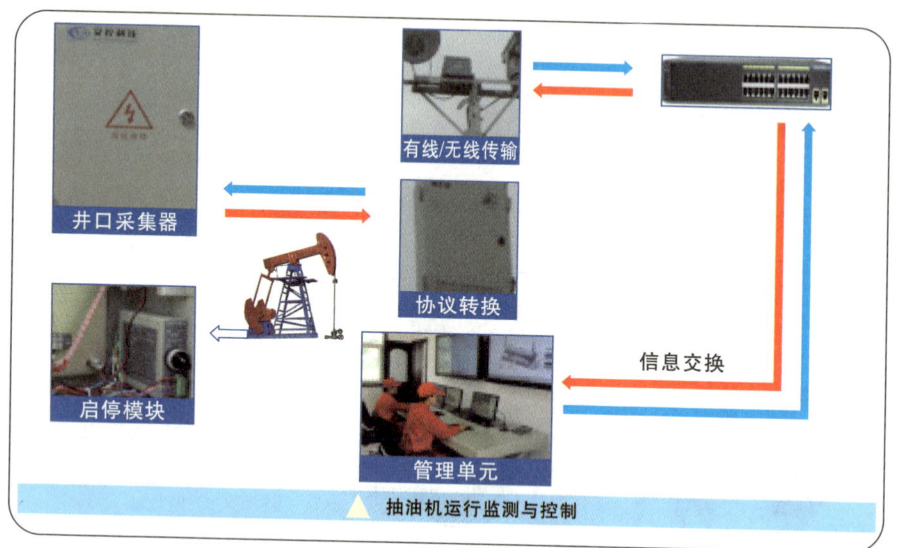

抽油机运行监测与控制

3. 自动投球、输油管线压力采集

输油管线上安装自动投球器和压力变送器，定时自动投放带有编号的实心橡胶球，完成井场集油管线的清蜡作业，可根据管线流量和结蜡状况，设定投球间隔，无需人工停井、倒流程、放空。为安全操作、环保操作，防止管线蜡堵和井口回压升高创造了条件。

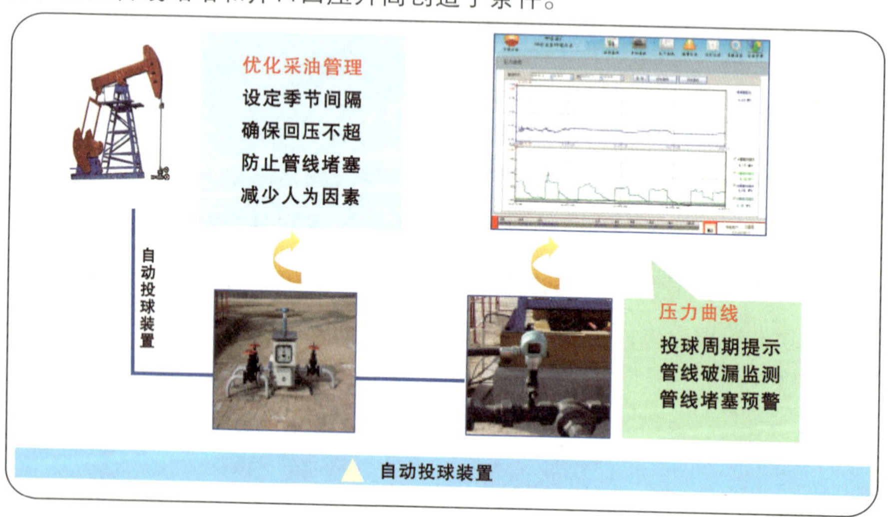

自动投球装置

4. 视频监控、闯入报警

井场安装一体化摄像机、智能分析视频服务器、辅助照明灯及扬声器等设备，优化视频监控的摄像角度、取景距离，达到井场视频清晰。实现井场视频图像的实时监控、闯入报警、图像抓拍和语音示警等功能。

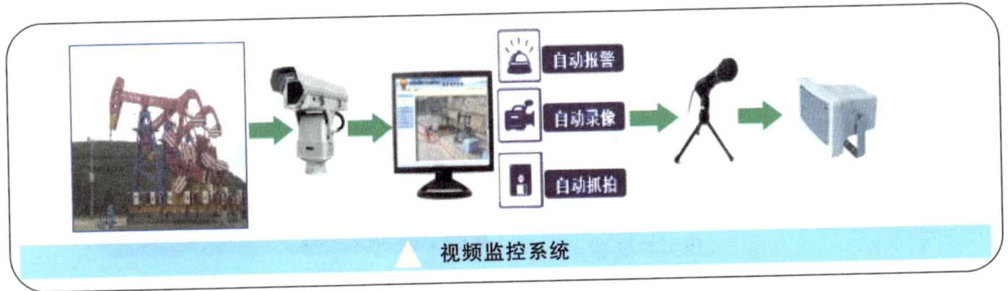

视频监控系统

5. 电子巡井

巡井的内涵发生了根本的变化，由井场外物闯入报警、油水井生产状况监控、油水井生产问题判识三项主体技术构成，井组无人值守，并能快速、有效地发现、处理生产问题。由传统的经验管理、人工巡检、“大海捞针、守株待兔”式的被动方式转变为智能管理、精确控制。

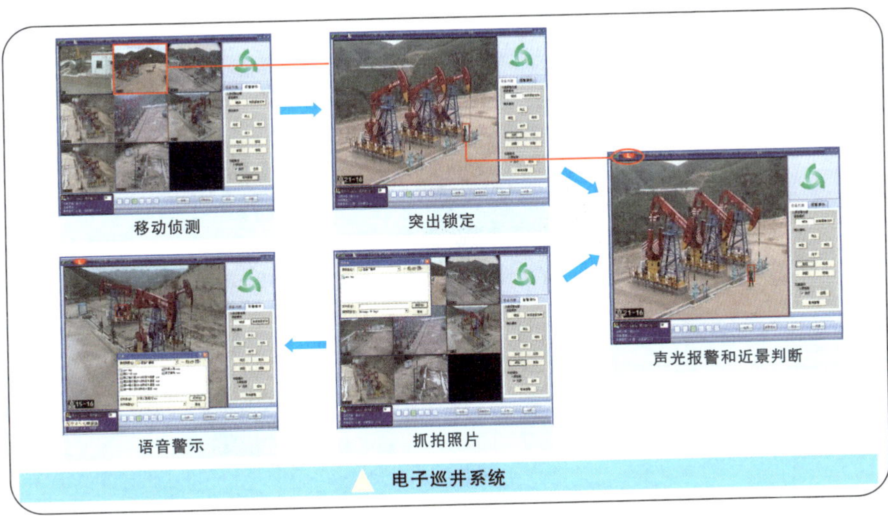

电子巡井系统

6. 稳流配水阀组

稳流配水阀组间配套压力变送器、流量计和稳流配水调节阀，实现注水压力、流量监测，并实现注水量的实时控制，同时稳流配水阀组配套提供数据信号转换器，为井场RTU提供各注水压力、流量（瞬时和累积），能够进行注水量的远程设定。

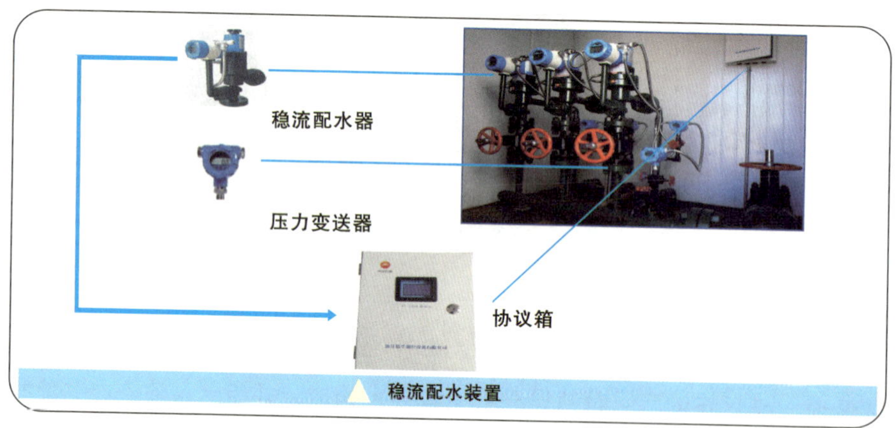

稳流配水装置

7. 水源井远程启停

水源井井口安装欠过载保护装置和电子流量计、压力变送器，实现水源井参数远程监视和远程启停及智能保护。

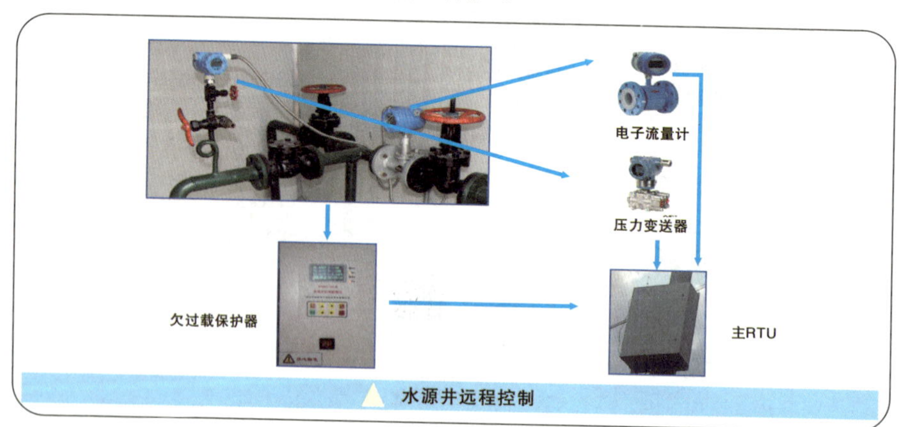

水源井远程控制

8. 生产流程智能诊断

增压站数字化，自动采集温度、液位和压力数据。按照流程实现四化管理：管理智能化、输油自动化、巡线精确化、报表电子化。

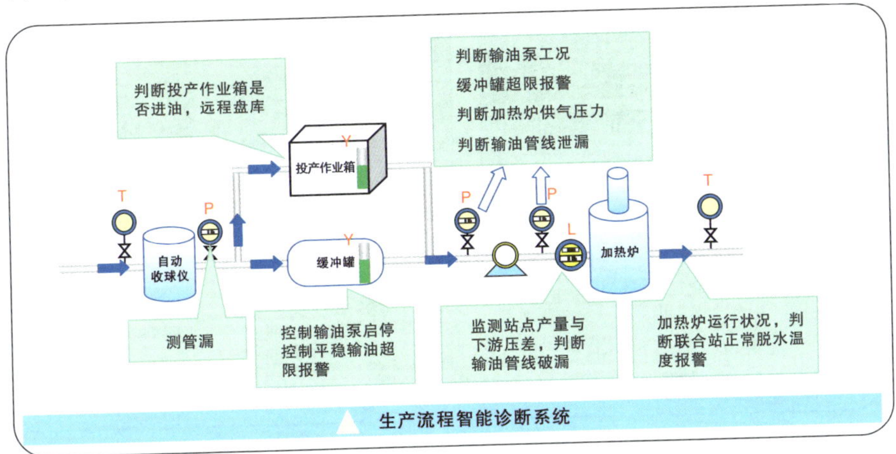

生产流程智能诊断系统

9. 自动控制连续输油

缓冲罐安装防爆电热液位计，输油泵安装变频装置，根据液位变化情况，运用变频器自动调节输油频率，实现缓冲罐的自动闭环连续输油功能，还可实现缓冲罐的高、低液位报警和输油泵的远程启停。

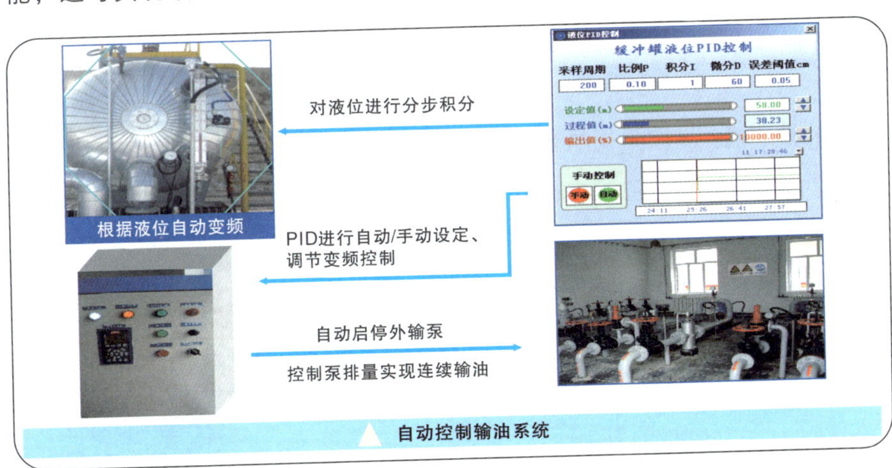

自动控制输油系统

10. 电子执勤

在油区关键路口安装车牌视频识别装置，在车辆进入油区后系统自动识别车辆信息，并根据GPS信息和历史数据对重点防范车辆进行预警。

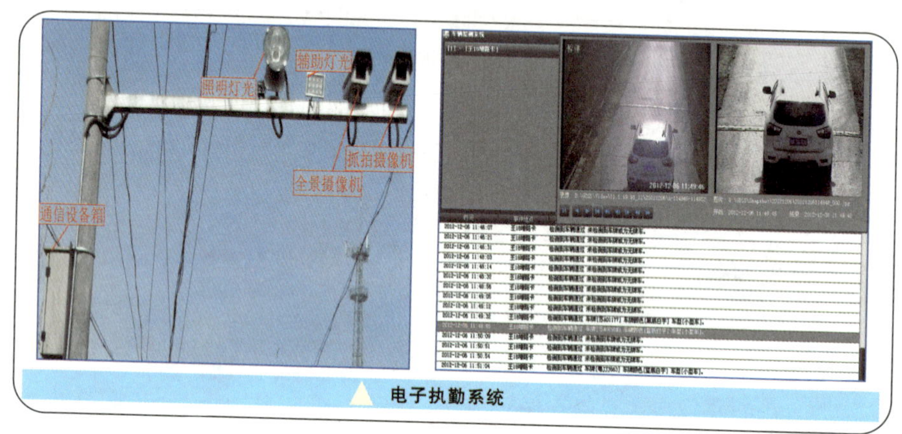

▲ 电子执勤系统

11. 数字化抽油机

数字化抽油机以SY/T 5044—2003《游梁式抽油机》机械结构为基础，在游梁式抽油机上集成油井参数采集模块、控制模块、传感器、控制装置，实现对抽油机运行状态的参数采集与上传，具备通过上位机进行远程控制和调节功能或本地控制和调节功能。

（1）其主要组成结构如下：

①抽油机：游梁平衡的无基础抽油机。

②数字化抽油机智能控制柜：包括数据采集传输模块、数据显示模块、工频变频切换模块。

③一体化载荷悬绳器：在特制悬绳器中嵌入载荷传感器。

④传感器：实现载荷和位移及电参数的实时采集与传输。

⑤平衡调节装置：包括控制系统和执行机构。

数字化抽油机

（2）其主要功能和特点如下：

①油井参数、电参数自动采集和传输。

②数字化抽油机远程启停。

③平衡度的自动判定及调整。

④最佳工作冲次的判定及调整。

⑤节能，电动机功率降低一个挡位，负载功率提高30%。

（二）新油田建设

新油田数字化建设按照地面装置小型化、集成化、橇装化的技术思路，推广应用新设备新工艺，按照“三同时”原则探索出适合新油田的数字化建设模式。

1. 地面建设模式

在确保安全环保的前提下，新油田对工艺流程、生产设施简化优化，降低建设投资、减少管理流程，适应油田数字化管理。

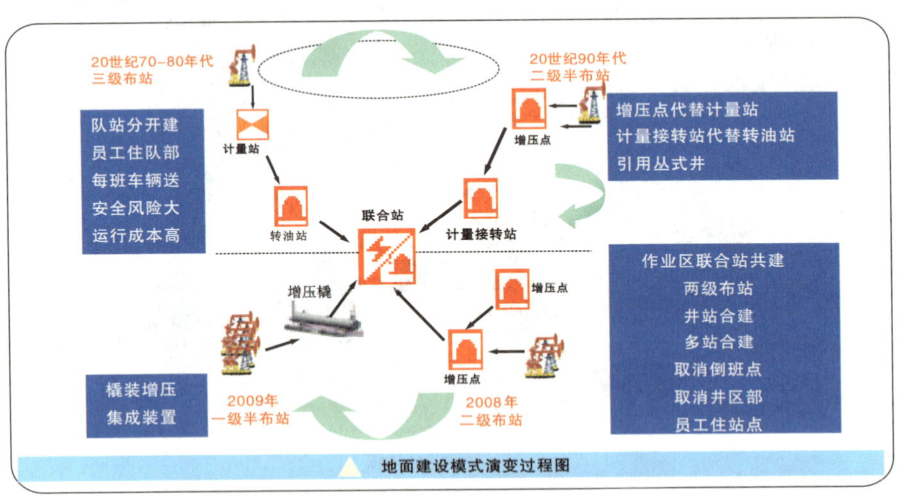

地面建设模式演变过程图

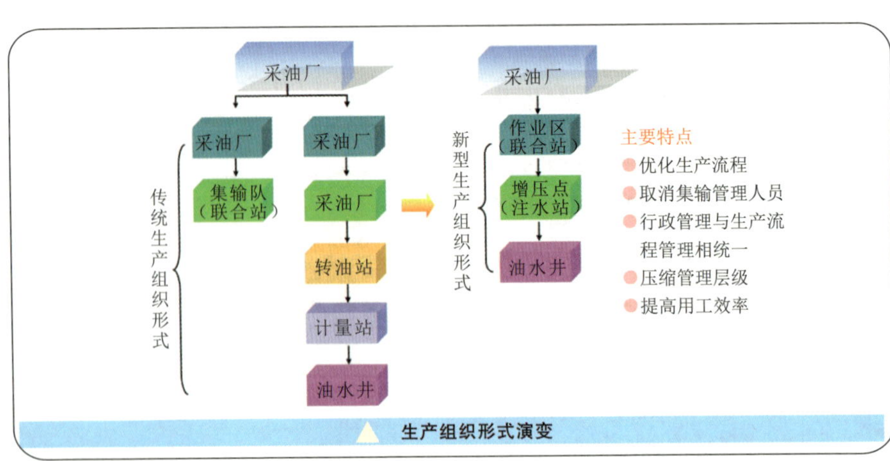

生产组织形式演变

2. 布站变化

布站模式由原先的“井组—计量站—转油站—联合站”三级布站改为“井组—增压橇—联合站”，减少骨架站场数量和管理层级。

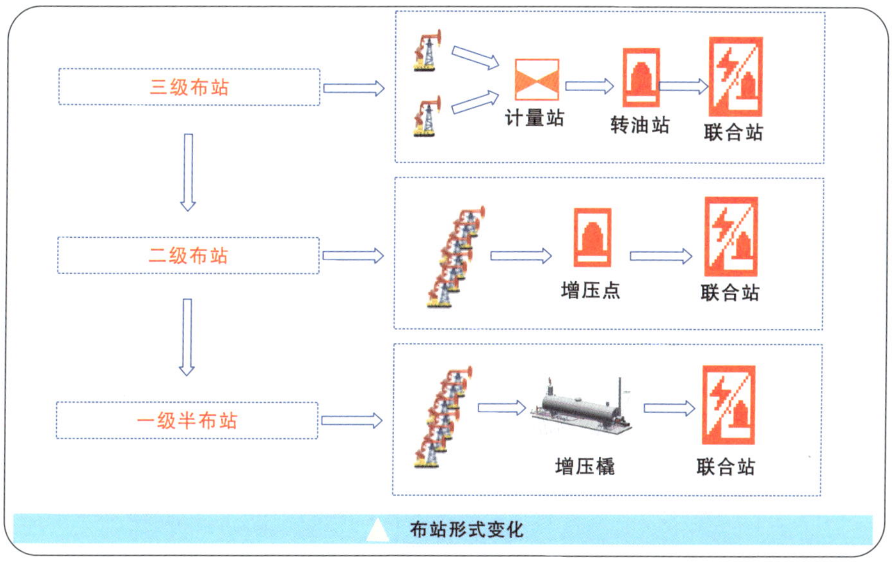

布站形式变化

（1）多站合建：倒班点、集输、注水、气体处理等多站合并，整体规划。

多站合建

（2）井站合建：井场、增压点、小型注水站一体化建设，形成小站模式。

井站合建

（3）大井组：一个井场布井6~15口，减少井场数量、节约土地资源，便于优化。

井组

（三）老油田建设

通过地面工艺流程的调整优化，将现有多种工艺流程调整为联合站和接转站两级布站方式，集成站点和所辖井场的监控，建立综合性的、多功能的站控中心，全面实现老油田的数字化建设和管理。

1. 地面改造框架

以基本生产单元过程控制为核心，以站（增压点、转油站等）为中心辐射到井，围绕“井、线、站”一体化、“供、注、配”一体化，推广应用“小型化、橇装化、集成化”新设备，实现地面工艺流程再造，降低老油田改造成本。以“关、停、并、转、简”为手段，通过应用数字化增压橇、混输泵橇、功图自动计量、稳流配水、输油管线监控等新技术，简化地面工艺，实现智能化管理目标。

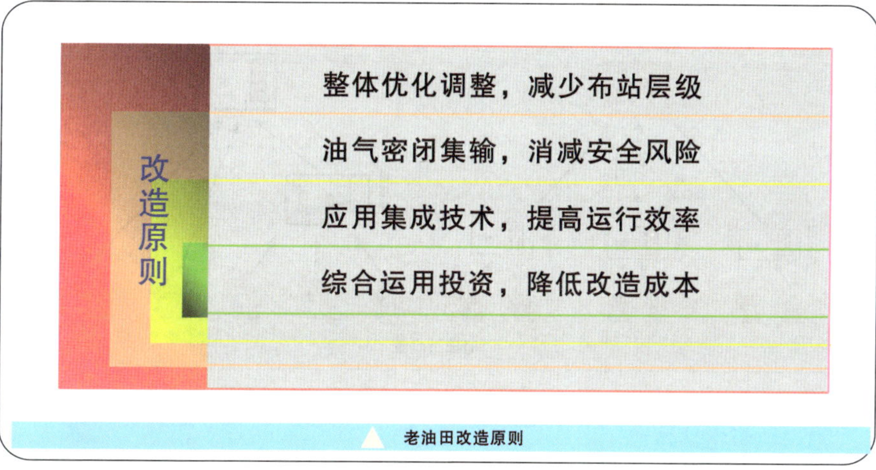

老油田改造原则

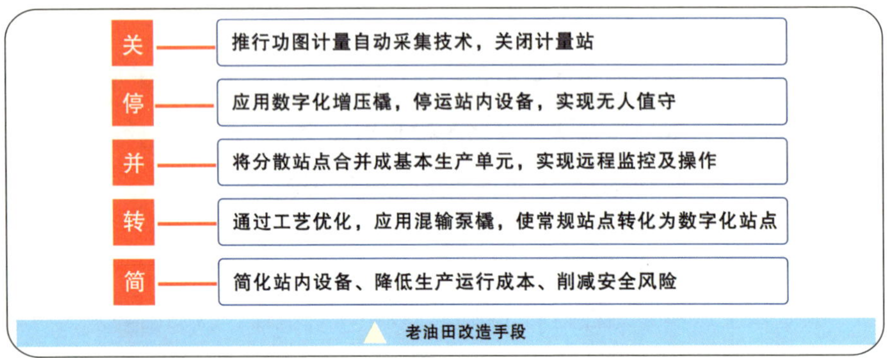

老油田改造手段

2. 地面布站变化

划分基本生产单元：按照生产工艺流程，科学、合理地建立“井组—站点”或“井组—增压点（增压橇）—联合站（站控中心）”的基本生产单元。

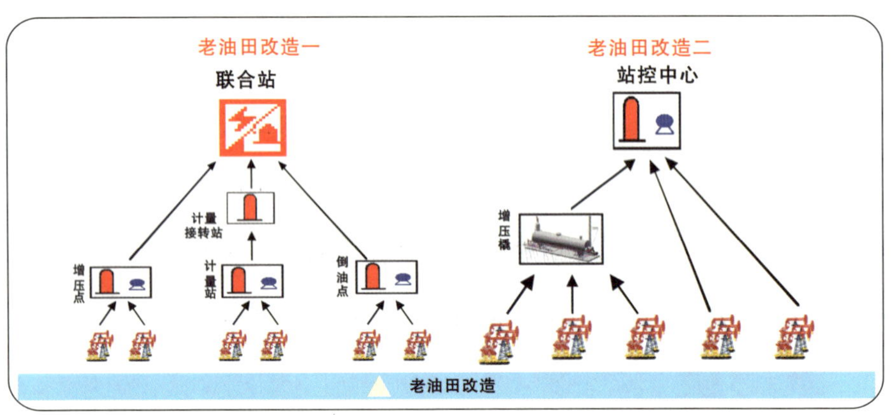

老油田改造

3. 地面布站技术

老油田在数字化改造过程中，除应用数字化管理11项关键技术外，主要应用数字化橇装装置实现地面工艺优化简化。

（1）数字化混输泵橇。

数字化混输泵橇是集增压、过滤、计量、自动化控制等功能于一体的橇装化集成装置，主要用于已建在运行的增压点升级为无人值守时，充分利用原有的分离缓冲装置和加热炉、总机关、收球、机房配电等。该装置是由输油泵、标定罐、控制阀、变频器、PLC、仪表等主要部件组成。

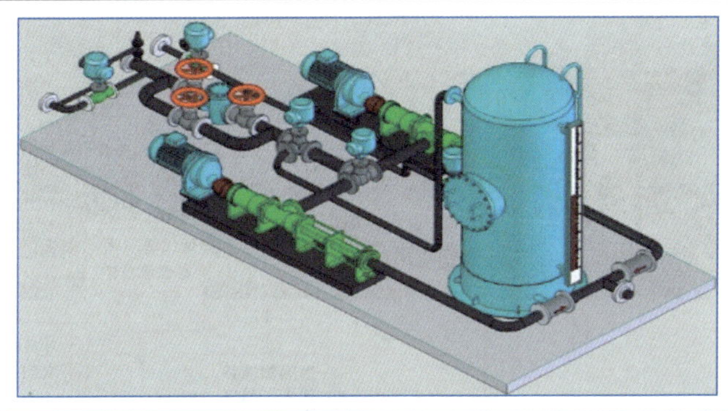

数字化混输泵橇结构图

其功能及特点如下：

①自动标定，自动监测报警。

②闭环控制，“泵到泵”变频输油，流程自动切换。

③实时监控，故障自动检测判断。

④露天设置，投产迅速，易于搬迁。

⑤节约占地，重复使用，节省投资。

(2) 数字化集成增压装置。

数字化集成增压装置是指具有原油缓冲、分离、加热、混输等功能，并能进行预警提示和远程监控的集成设备，主要由缓冲罐、加热炉、油气混输泵、控制系统等组成。

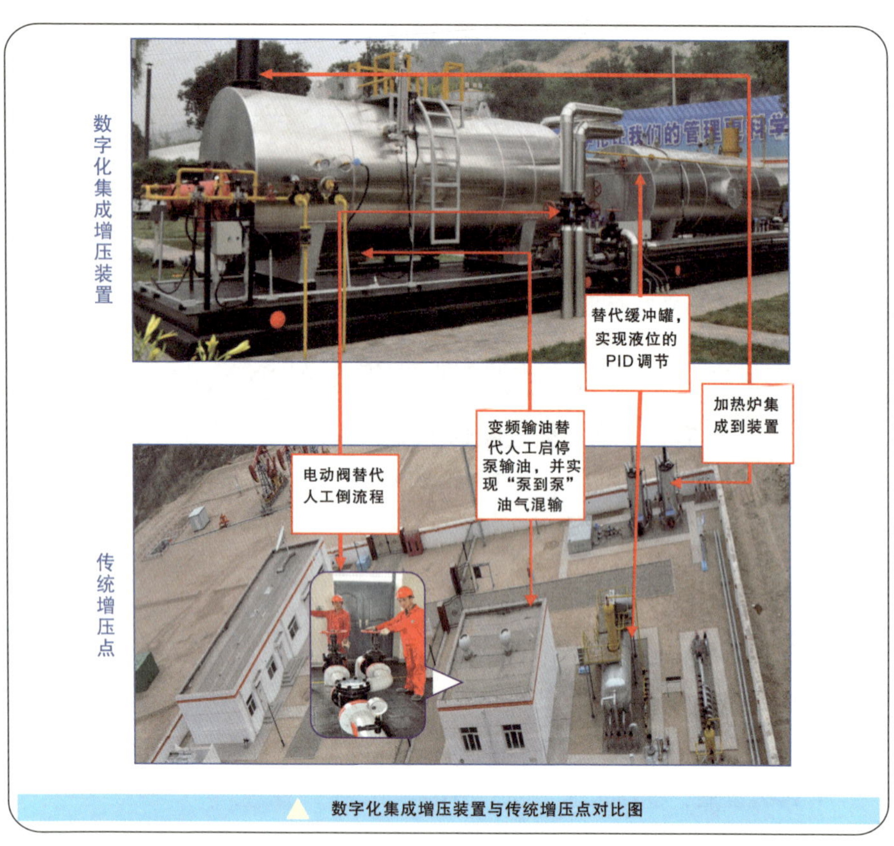

数字化集成增压装置与传统增压点对比图

其功能及特点如下：

①自动加热，自动外输，自动监测报警。

②闭环控制，变频油气混输，流程自动切换。

③实时监控，故障自动检测判断。

④结构橇装，安装方便，缩短建设周期。

（3）地面改造成效。

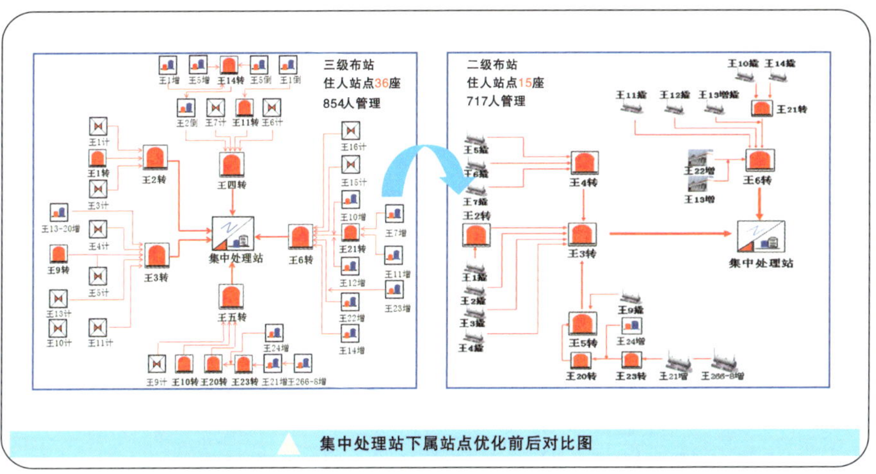

集中处理站下属站点优化前后对比图

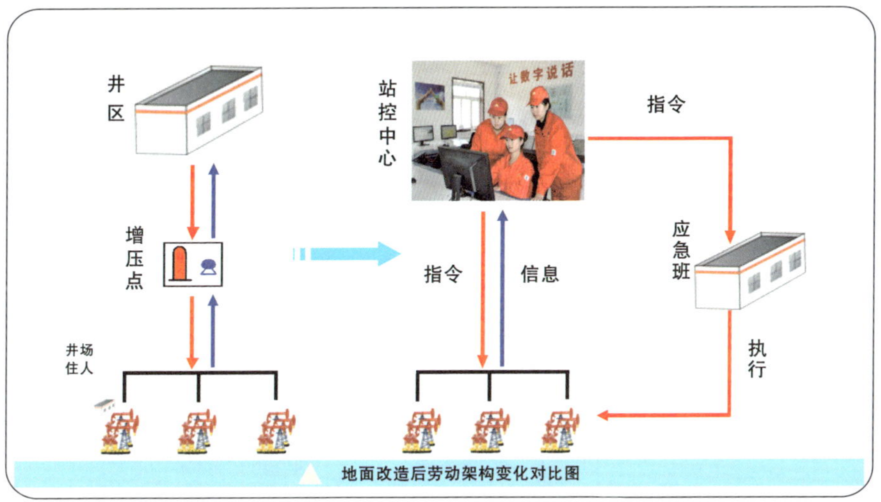

地面改造后劳动架构变化对比图

三、信息管理平台建设

信息管理平台分为站级监控和厂区监控两级，站级监控平台是基于工业组态软件开发的监控平台，包括联合站站控平台、增压站站控平台、注（供）水站站控三种。厂区级监控平台是一个通过IE浏览器访问的B/S系统（数字化生产指挥系统）。

（一）站控平台建设

站控平台主要对站内及所辖油水井生产数据进行自动采集和实时监控，并与数字化生产指挥系统进行数据通信，实现站点生产数据实时监测、安全风险预警提示、油水井工况动态分析、运行报表自动生成等功能，达到对站点及所辖井场生产过程监控的目的，并从工业化软件角度出发实现标准化和模块化。

1. 联合站站控平台

（1）联合站站控平台体系结构。

以组态软件实时数据库作为公用接口，联合站站控平台基于此接口进行实时数据监控；运用各类设备驱动，将实时数据写入组态实时数据库，并接受组态实时数据库的下发控制指令。

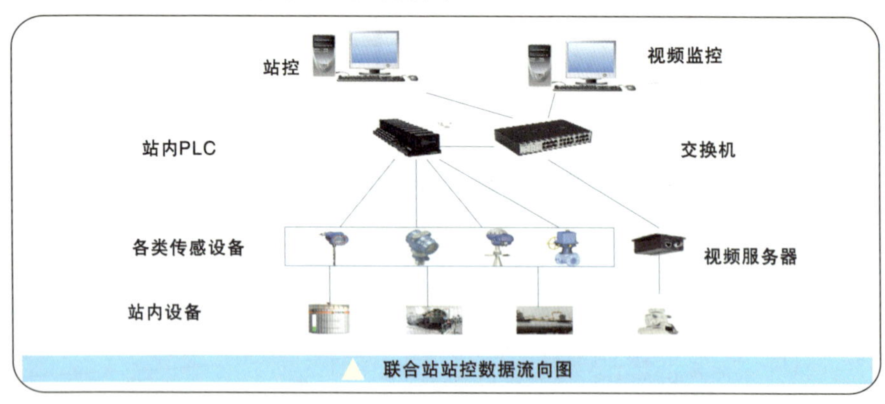

联合站站控数据流向图

（2）联合站站控软件主要功能。

联合站站控平台软件主要对站内关键设备设施运行参数和状态进行实时监控，如三相分离器的压力、外输油的流量及含水率、各类泵的运行状态和三相电流、电压及功率等。当运行参数超高低限时进行声光报警，提示操作人员进行相应处置。运用站控软件还可以生成生产报表，查询生产运行参数趋势曲线，以及对站内数字化硬件设备进行监控和诊断。

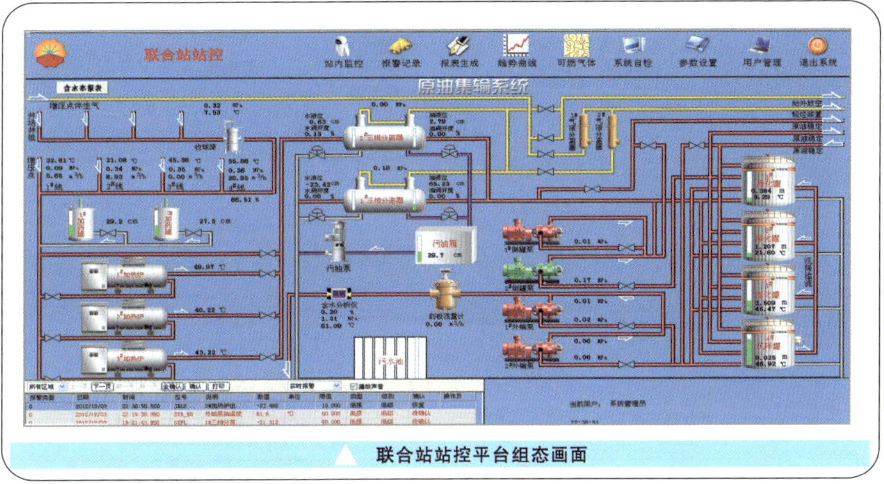

联合站站控平台组态画面

2. 增压站站控平台

（1）增压站站控平台体系结构。

增压站站控平台体系结构与联合站类似，通过组态驱动采集站内PLC、井场油井、配水阀组等的生产数据到实时数据库，同时接受实时数据库下发的控制指令并发送到站内PLC控制器。

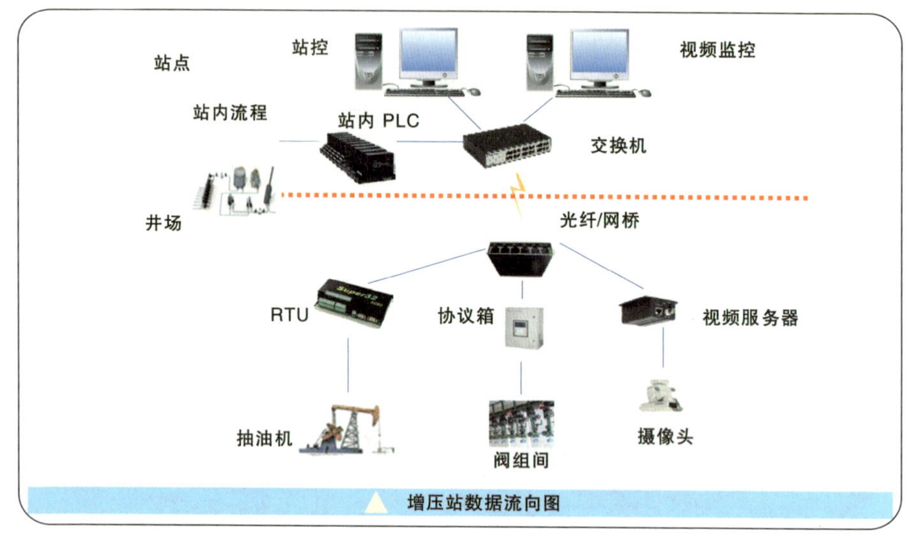

▲ 增压站数据流向图

（2）增压站站控平台软件主要功能。

站控平台软件主要对站内设备设施的关键参数进行监控，监测可燃气体浓度，实现井场抽油机的远程启停和注水井的远程调配。同时计算油水井产液量、注水量，提供功图和生产曲线查询功能，也可进行设备调试和报警管理。

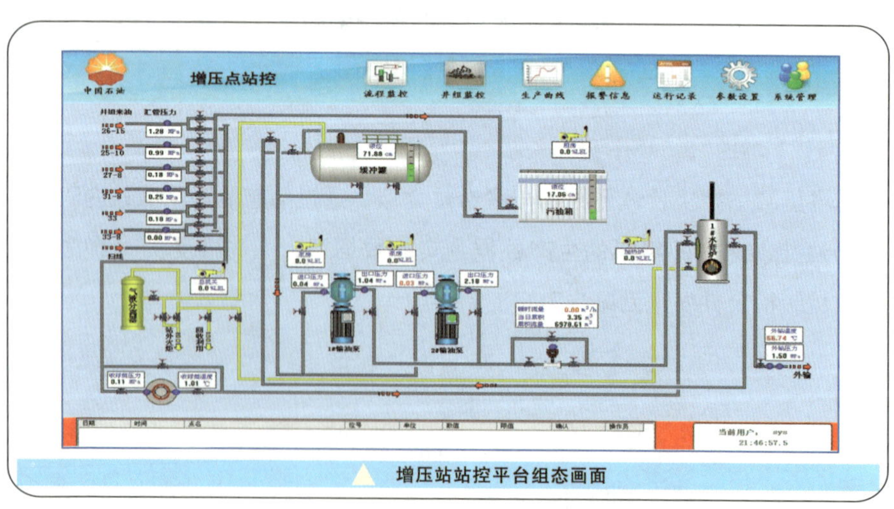

▲ 增压站站控平台组态画面

3. 注水站（供水站）站控平台

（1）注水站（供水站）站控平台体系结构。

通过组态驱动采集站内PLC、配水间、注水阀组等生产数据到实时数据库，同时接受实时数据库下发的控制指令并发送到站内PLC控制器等。

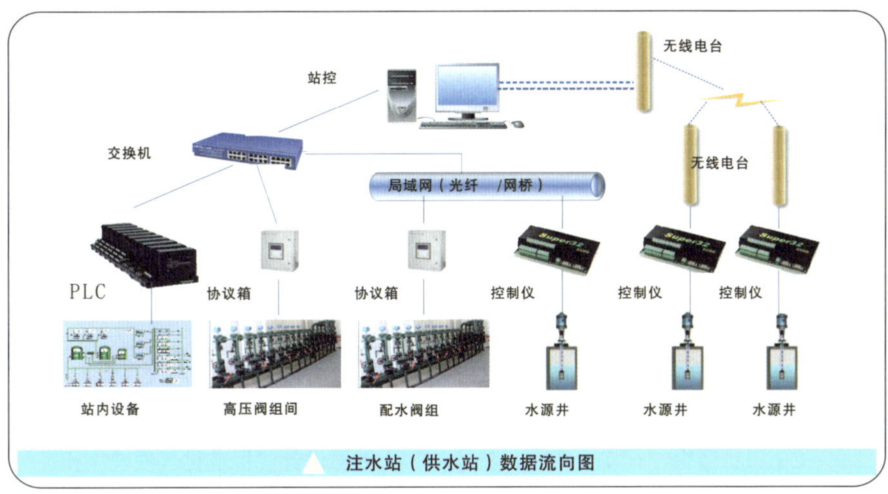

注水站（供水站）数据流向图

（2）注水站（供水站）站控平台主要功能。

注水站（供水站）站控平台软件主要对站内供注水流程进行监控，实现水源井深井泵的远程启停和注水井的远程调配，监控阀组间注水汇管压力和注水井的注水压力。同时可实现生产曲线查询、设备调试、报警管理等功能。

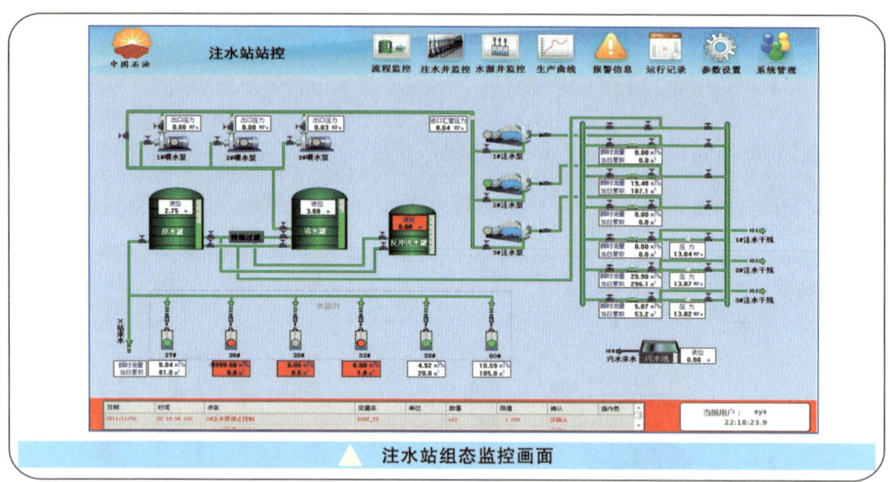

注水站组态监控画面

（二）数字化生产指挥系统建设

1. 设计原则

（1）实现业务流与数据流的高度统一，达到电子巡查、报警提示，“让数字说话、听数字指挥”。

（2）设计遵循“简单、实用、易操作”，界面设计“标准化、模块化和定型化”，按照厂、区、站逐级展开，预警信息集中显示。

（3）厂、区两级平台实现“同一平台，信息共享，多级监视，分散控制”。

（4）区分实时采集和人工补录数据，实现各类数据一次录入，高度共享。

（5）系统需具备合适性、稳定性、可扩展性和可复用性。

2. 实现功能

（1）应用功能。

目前系统的使用者主要为作业区调控中心和厂生产指挥中心的工作人员，根据系统功能设计，系统的四大功能模块主要涵盖了十一类生产监控内容。

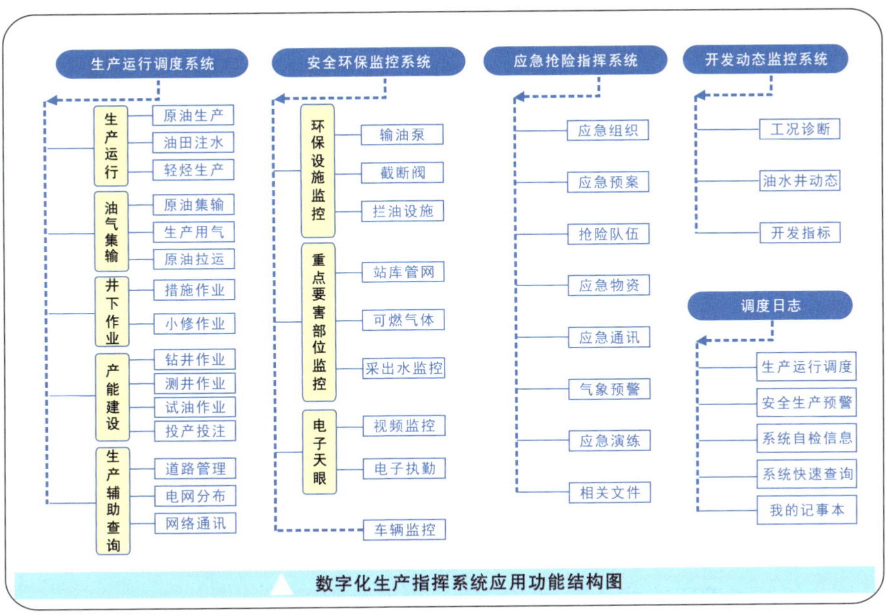

数字化生产指挥系统应用功能结构图

（2）管理功能。

系统按照管理功能可分为四部分，功能展示界面、数据维护录入界面、报表生成界面和系统权限管理。

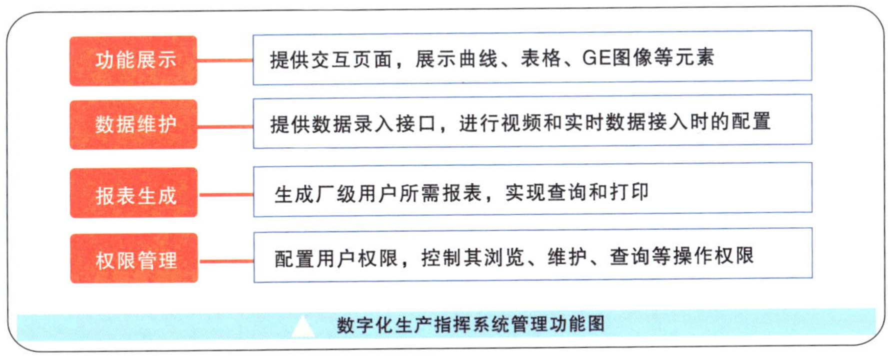

数字化生产指挥系统管理功能图

3. 软件使用的主要技术及数据源

系统的数据源主要有四种，分别是系统本身关系数据库、实时数据库、GPS信息数据库和A2数据库。

实时数据库支撑的模块有油气集输、输油泵、截断阀、站库管网等模块。各作业区站控的实时数据（站控流程数据、油水井生产参数）汇集到中端实时数据库中，系统采用 Flex 架构由数据集散中心将数据整合后推送分发至各相应功能模块。

由关系数据库和A2支撑的模块有原油生产、油田注水、轻烃生产、措施作业、油井小修、电子值勤等模块。系统对关系库中的数据进行提取统计，运用AnyChart插件进行曲线绘制，运用EXP插件进行表格显示。

由Google Earth组件支撑的模块有原油拉运、钻井作业、测井作业、试井作业以及应急抢险模块中所有的GE展示模块。其中地理数据以高清卫星影像为基础，其他专题数据采用KML、KMZ格式存储与发布。数据加载运用二级网格编码方式，采用LOD算法提取数据。

GPS信息数据库支撑的模块主要为GPS系统，车辆的属性信息及行驶速度、位置均取自此数据库。

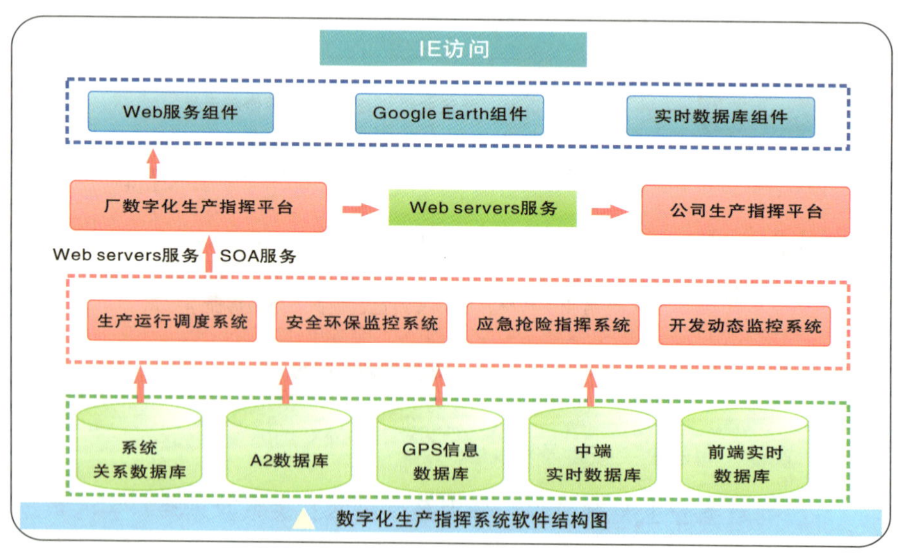

▲ 数字化生产指挥系统软件结构图

劳动组织管理

LAO DONG ZU ZHI GUAN LI

数字油田建设，工艺流程优化是基础，数字化建设是手段。在数字化建设的基础上，构建以“三个中心”为劳动组织架构主体，应急班为生产保障主体的新型劳动组织模式，实现扁平化直线管理，控制劳动用工，实施数字化培训，提高劳动组织效率。

一、组织架构

按照从前端到中端的生产管理流程，建立以“三个中心”为劳动组织主体，应急班为生产保障的劳动组织架构。

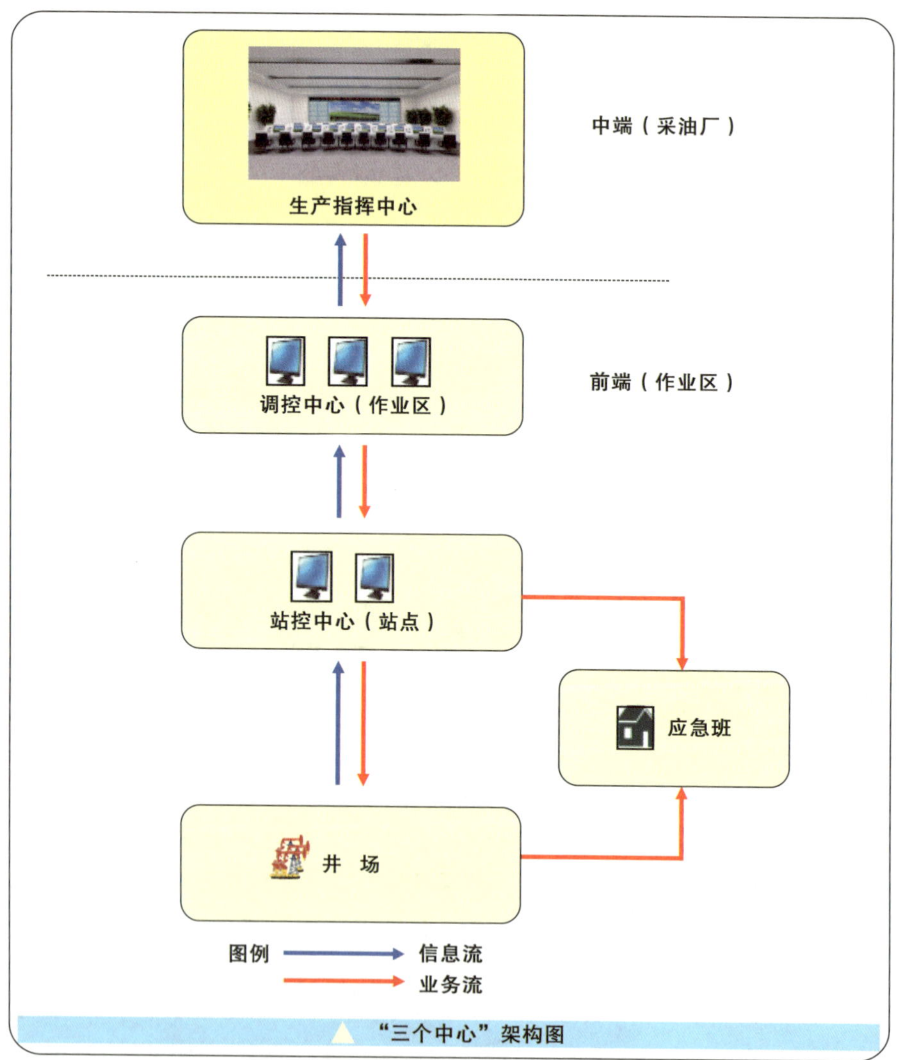

▲“三个中心”架构图

（一）中端（采油厂）

以“生产指挥中心”为核心，以统筹、指挥、协调、联合机关部门和后勤保障单位服务生产为目的，构建劳动组织架构。

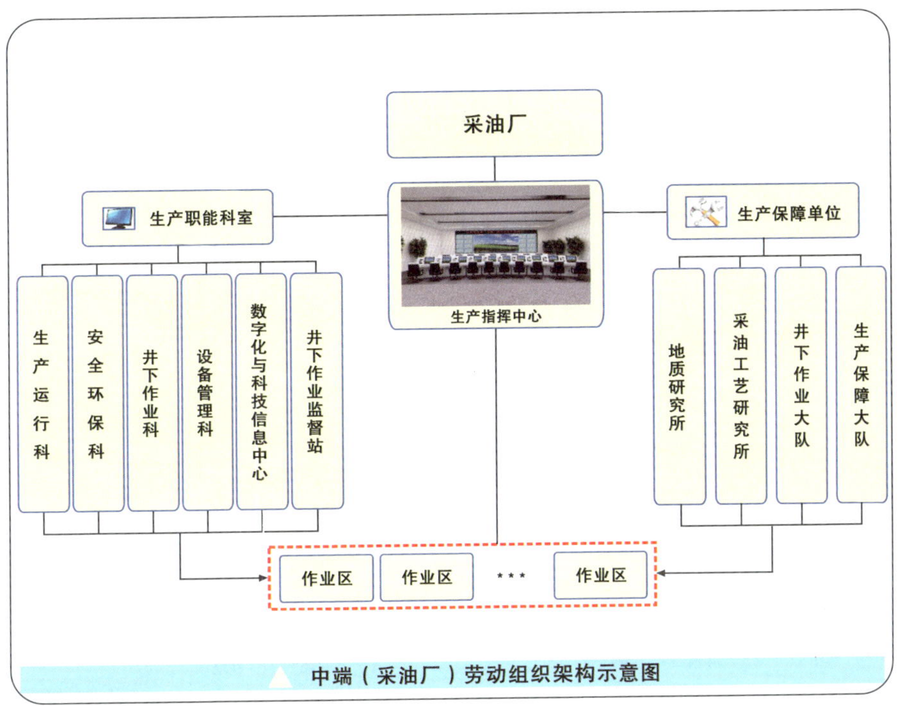

中端（采油厂）劳动组织架构示意图

（二）前端（作业区）

前端组织架构是在优化传统的“六组一室”，撤销井区的基础上，设置“两室一中心”（综合管理室、生产技术室和调控中心）、生产保障队、应急班，在站点建立站控中心，进行前端基本生产单元管理的劳动组织框架。

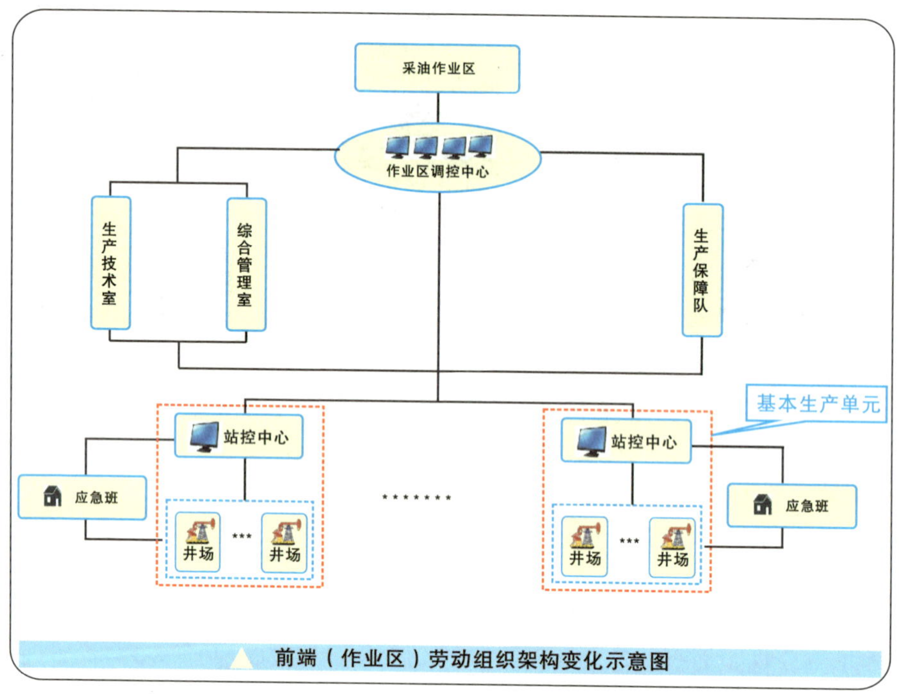

前端（作业区）劳动组织架构变化示意图

1. 基本生产单元的划分

按照生产工艺流程，科学、合理地建立以“站点—管线—井组”的基本生产模块，采取“下游管上游、大站管小站、转油管注水”的方式，将1座转油站及其所管辖的1~2座增压点、增压橇作为基本生产单元，使原来井站分离管理转变为井站一体化管理。

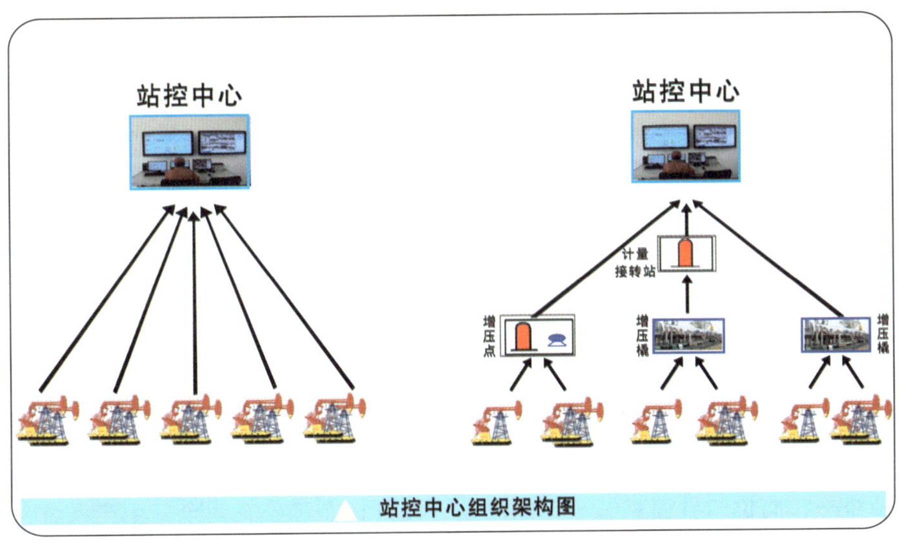

站控中心组织架构图

2. 应急班设置

根据生产区块的地貌特点，按照与工艺流程一致、实现抢险半径最小、便于生产组织、便于维修抢险、便于提高工作效率的原则，合理划分生产区域，设置功能齐全、综合性强的生产保障机构，以构建区域联动、资源共享的生产保障体系。

应急保障架构变化

二、岗位设置

数字化岗位设置和职责界定体现职责与权利相统一的原则，通过机制设计进一步理顺生产关系，充分调动各方面积极性，激励约束作用得到充分发挥。

（一）中端（采油厂）岗位设置

1. 生产指挥中心岗位设置

以生产指挥系统2.0版本的界面和功能为基础，按照“业务流与数据流相统一，岗位与界面相统一”的原则，设置10个岗位，对全厂生产系统实施指挥、调度。

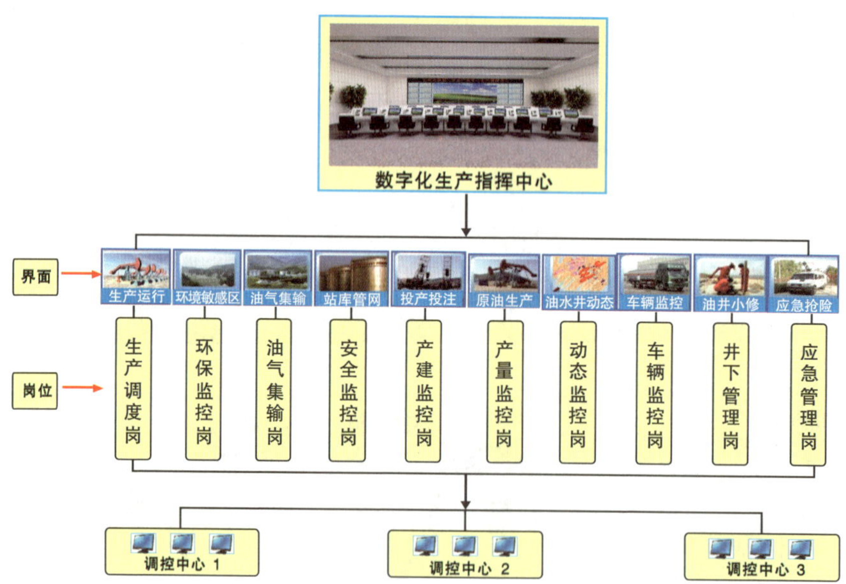

2. 生产科室岗位设置

根据数字化建设情况，对相关生产科室的岗位进行重新设置，由原来的56个减少到48个。

（二）前端（作业区）岗位设置

数字化采油作业区在“两室一中心”的架构基础上，根据岗位职能和管理区域，建立以调控中心为核心的岗位设置标准。

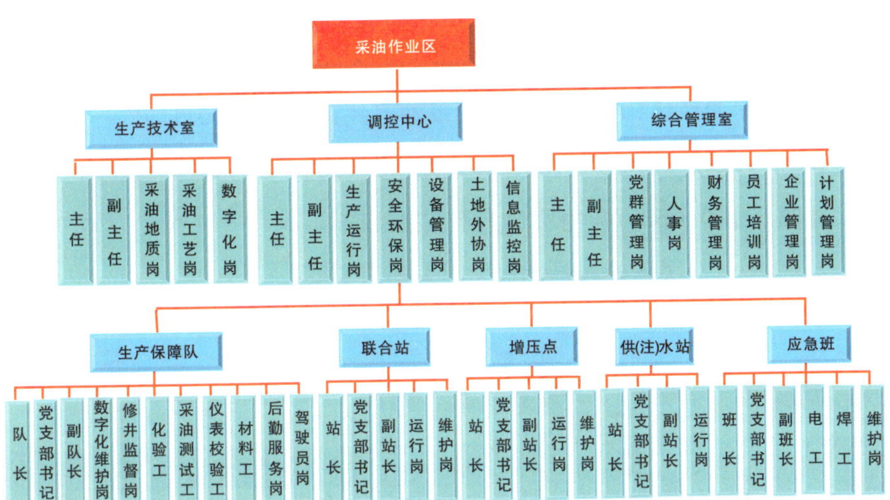

三、岗位定员

根据生产规模，结合实际情况，对采油厂、采油作业区按照分类进行岗位定员。

（一）采油厂分类标准及岗位定员标准

1. 采油厂分类标准

根据原油产量或油水井数，将采油单位分为四类。

A类：原油产量300万吨以上或油水井8500口以上。

B类：原油产量200万～300万吨或油水井6000～8500口。

C类：原油产量100万～200万吨或油水井3500～6000口。

D类：原油产量50万～100万吨或油水井1800～3500口。

原油产量小于50万吨的原则上不设采油厂。

2. 采油厂机关职能科室、机关附属部门编制标准

（1）领导职数与岗位。

领导职数与岗位

项目	A类	B类	C类	D类	岗位
合计	16	15	13	10	
领导职数	11	10	9	7	厂长，党委书记，党委副书记、纪委书记、工会主席，副厂长，总工程师，总地质师，总会计师
副总师职数	5	5	4	3	副总地质师、副总工程师、安全副总工程师、副总机械师（C类和D类不设）、副总经济师 （D类不设 ）

（2）机关职能科室设置及定员。

采油单位机关职能科室设置及定员表

序号	项目 科室名称	A类				B类				C类				D类			
		合计	科级	副科级	一般管理人员	合计	科级	副科级	一般管理人员	合计	科级	副科级	一般管理人员	合计	科级	副科级	一般管理人员
合计		116	15	25	76	103	14	24	65	103	14	21	68	92	13	18	61
1	厂长办公室（党委办公室）	9	1	2	6	8	1	2	5	7	1	2	4	6	1	1	4
2	生产运行科	14	1	3	10	12	1	3	8	12	1	3	8	9	1	2	6
3	人事科（党委组织科）	13	1	3	9	11	1	3	7	9	1	2	6	8	1	2	5
4	计划科	7	1	2	4	7	1	2	4	6	1	1	4	5	1	1	3
5	财务资产科	13	1	3	9	11	1	3	7	11	1	3	7	10	1	2	7
6	企管法规科（内控与风险管理科）	10	1	2	7	9	1	2	6	6	1	1	4	5	1	1	3
7	安全环保科	9	1	2	6	9	1	2	6	8	1	2	5	8	1	2	5
8	党委宣传科（企业文化科、工会、团委）	11	3	1	7	10	2	1	7	8	2	1	5	7	1	2	4
9	纪检监察科（审计科）	8	1	2	5	7	1	2	4	5	1	1	3	3	1		2
10	井下作业科	6	1	1	4	5	1	1	3	4	1	1	2	4	1	1	2
11	公共关系科（土地管理办公室）	8	1	2	5	7	1	2	4	6	1	1	4	6	1	1	4
12	设备管理科	4	1	1	2	3	1		2	3	1		2	3	1		2
13	信访办公室（维护稳定工作办公室）	4	1	1	2	4	1	1	2								
14	技术管理科（无两所单位设）									18	1	3	14	18	1	3	14

（3）机关附属部门设置及定员。

机关附属部门机构设置及定员表

序号	科室名称	A类					B类					C类					D类				
		合计	科级	副科级	一般管理人员	操作与服务人员	合计	科级	副科级	一般管理人员	操作与服务人员	合计	科级	副科级	一般管理人员	操作与服务人员	合计	科级	副科级	一般管理人员	操作与服务人员
	合计	95	8	18	66	3	79	8	16	53	2	61	8	13	38	2	42	6	9	25	2
1	事务管理站（机关党总支）	12	1	2	9		10	1	2	7		8	1	2	5		6	1	1	4	
2	工程项目管理室	13	1	3	9		12	1	3	8		9	1	2	6		7	1	2	4	
3	数字化与科技信息中心	19	1	3	15		15	1	3	11		13	1	3	9		11	1	3	7	
4	物资采办站	9	1	2	6		9	1	2	6		6	1	1	4		5	1	1	3	
5	概预算管理站	9	1	2	6		8	1	2	5		5	1	1	3						
6	员工培训站	8	1	2	5		6	1	1	4		4	1	1	2						
7	保卫科（人民武装部）	7	1	1	5		5	1	1	3		4	1	1	2		4	1	1	2	
8	井下作业监督站	13	1	3	9		10	1	2	7		8	1	2	5		6	1	1	4	
9	资料档案室	5			2	3	4			2	2	4			2	2	3			1	2

（二）采油作业区分类标准及岗位定员标准

1. 采油作业区分类标准

根据原油产量或油水井数，将采油作业区分为四类。

A类：原油产量50万吨以上或油水井1000口以上。

B类：原油产量30万～50万吨或油水井600～1000口。

C类：原油产量20万～30万吨或油水井400～600口。

D类：原油产量小于20万吨或油水井小于400口。

2. 岗位定员标准

（1）采油作业区领导及机关岗位定员标准。

采油作业区机关机构设置及编制定员表

机构及岗位 \ 类别		A类	B类	C类	D类	
合计		49	43	35	28	
领导	小计	8	7	6	5	
	经理	1	1	1	1	科级管理岗位
	党总支书记兼工会主席	1	1	1	1	科级管理岗位
	副经理	6	5	4	3	科级管理岗位
调控中心	小计	16	15	12	9	
	主任	1	1	1	1	一般管理岗位
	副主任	2	1	1	1	一般管理岗位
	生产运行岗	2	2	1	1	一般管理岗位
	土地外协岗	2	2	1	1	一般管理岗位
	安全环保岗	2	2	1	1	专业技术岗位
	设备岗	1	1	1	1	专业技术岗位
	运行监控岗	6	6	6	3	操作岗位
生产技术室	小计	15	12	9	7	
	主任	1	1	1	1	专业技术岗位
	副主任	2	2	1	1	专业技术岗位
	地质岗	5	4	3	2	专业技术岗位
	工艺岗	5	4	3	2	专业技术岗位
	数字化岗	2	1	1	1	专业技术岗位
综合管理室	小计	10	9	8	7	
	主任	1	1	1	1	一般管理岗位
	党群管理岗	3	2	2	1	一般管理岗位
	人事培训岗	2	2	1	1	一般管理岗位
	企业管理岗	1	1	1	1	一般管理岗位
	计划管理岗	1	1	1	1	一般管理岗位
	财务管理岗	2	2	2	2	一般管理岗位

（2）采油作业区基层机构岗位定员标准。

生产保障队岗位定员标准

岗位＼类别	A类	B类	C类	D类	岗位类别
合计	50	34	24	16	
队长	1	1	1	1	一般管理岗位
党支部书记	1	1	1	1	一般管理岗位
副队长	2	2	1	1	一般管理岗位
修井监督岗	12	7	5	3	操作岗位
化验岗	12	7	5	3	操作岗位
低压试井岗	9	6	4	2	操作岗位
仪表校验岗	3	2	2	1	操作岗位
材料岗	2	2	1	1	操作岗位
后勤服务岗	2	2	1	1	操作岗位
数字化维护岗	6	4	3	2	操作岗位
注：修井监督岗 、化验岗 1人/100口油水井； 低压试井岗 1人/100 口油井 ；数字化维护岗 1人/200口。					

应急班岗位定员标准：定员17人，其中班长1人、副班长1人、电工2人、焊工4人、维护岗9人。班长为一般管理岗位，副班长、电工、焊工、维护岗为操作岗位，应急班总人数也可按1人/12口油水井配置。

联合站岗位定员标准

<table>
<tr><th colspan="2">类别
岗位</th><th>A类</th><th>B类</th><th>C类</th><th>D类</th><th>岗位类别</th></tr>
<tr><td colspan="2">合计</td><td>29</td><td>25</td><td>19</td><td>16</td><td></td></tr>
<tr><td rowspan="5">站内</td><td>站长</td><td>1</td><td>1</td><td>1</td><td>1</td><td>一般管理岗位</td></tr>
<tr><td>党支部书记</td><td>1</td><td>1</td><td>1</td><td>1</td><td>一般管理岗位</td></tr>
<tr><td>副站长</td><td>2</td><td>1</td><td>1</td><td>1</td><td rowspan="2">一般管理岗位</td></tr>
<tr><td>运行岗</td><td>6</td><td>6</td><td>3</td><td>3</td></tr>
<tr><td>维护岗</td><td>19</td><td>16</td><td>13</td><td>10</td><td>操作岗位</td></tr>
<tr><td colspan="2">维护岗（站外）</td><td colspan="4">1人/10口油水井</td><td>操作岗位</td></tr>
</table>

站点（增压站、转油站、注水站）岗位定员标准

<table>
<tr><th colspan="2">类别
岗位</th><th>A类</th><th>B类</th><th>C类</th><th>D类</th><th>岗位类别</th></tr>
<tr><td colspan="2">合计</td><td>10</td><td>9</td><td>5</td><td>5</td><td></td></tr>
<tr><td rowspan="4">站内</td><td>站长</td><td>1</td><td>1</td><td rowspan="2">1</td><td>1</td><td rowspan="2">A、B、C类为一般管理岗位，D类为操作岗位</td></tr>
<tr><td>党支部书记</td><td>1</td><td>1</td><td></td></tr>
<tr><td>副站长</td><td>2</td><td>1</td><td>1</td><td>1</td><td>操作岗位</td></tr>
<tr><td>运行岗</td><td>6</td><td>6</td><td>3</td><td>3</td><td>操作岗位</td></tr>
<tr><td colspan="2">维护岗（站外）</td><td colspan="4">1人/10口油水井</td><td>操作岗位</td></tr>
</table>

四、员工培训

建立完善的数字化培训体系，实施全员培训，构建人才成长机制，储备数字化管理、技术和操作人员。

（一）三级培训体系

建立“厂级—作业区级—班站级 ”三级员工培训体系。“厂级”是员工培训的协调管理中心；“作业区级”是员工培训的具体实施层；“班站级”是员工岗位适应性培训的基本单元。

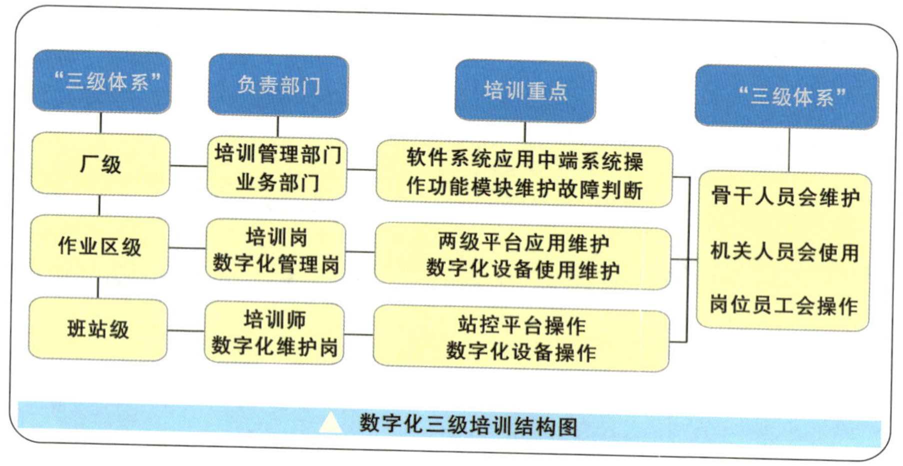

▲ 数字化三级培训结构图

（二）培训运行管理

培训管理是队伍建设的核心，采油厂遵循“一个原则，两个结合，三个突出，四个强化”培训运行模式，全面实现员工素质的稳步提升。

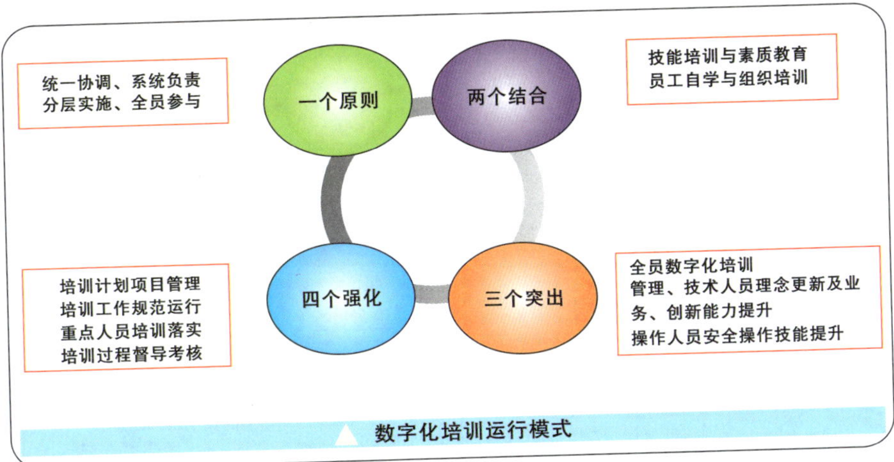

数字化培训运行模式

1. 培训职责落实

落实各级培训职责，全面实行数字化下标准作业程序，安全技能和职业素养培训。

操作层——对功图实时采集、流程在线监控、智能预警、电子巡井等数字化操作内容进行重点培训。

技术层——对工况诊断、油水井动态、开发动态监控、油水井预警处理等内容进行培训。

管理层——对数字化生产指挥和安全应急预警两大系统进行培训。

2. 培训效果管理

启用ERP，即国内培训模块，培训实行项目管理运作，分类、分层编制员工培训大纲，制订培训计划；实行培训监督卡制度，建立《员工培训电子档案》，记录员工培训信息，评估员工培训效果。

****作业区培训大纲目录**

序号	项目	一级目录	二级目录	三级目录	备注
1	管理层	资料定制	资料定制清单（自己及下属单位）	……	
		办公系统	OA系统、台网、ERP系统、电子公文处理、档案管理、数字化管理系统等	……	
		相关制度	作业区、厂级以上标准（与岗位相关）	……	
		工艺系统	管理层必须了解的相关工艺流程	……	
2	操作层	资料定制	资料定制清单	资料定制清单	
		相关制度	作业区制度	交接班制度	
			厂级以上制度	……	
		管理系统	数字化管理系统等	office软件的运用及操作	
			作业指导书	……	
		工艺原理	工艺原理	抽油机结构及工作原理	
			工艺流程及参数	采油工艺流程的绘制和讲解	
		设备管理	本单位设备结构及原理	加热炉	
		安全环保	安全管理	三防四懂	
			环保要求	……	
		消防应急急救	应急管理	班站应急处置措施	
			消防知识	消防器材的检查方法及使用	
			急救知识	触电、中暑、中毒、烫伤、机械伤害的急救措施	

员工教育培训监督卡

填卡单位： 编号：

培训时间		授课兼职教师签名	
培训方式		安排课时	
培训对象			

授课内容及要求

参加培训员工姓名

教师授课质量（✓）	
优秀	□□□□□□□□□□□□□□□□□□□□
良好	□□□□□□□□□□□□□□□□□□□□
一般	□□□□□□□□□□□□□□□□□□□□
很差	□□□□□□□□□□□□□□□□□□□□
培训效果自评（✓）	
掌握	□□□□□□□□□□□□□□□□□□□□
明白	□□□□□□□□□□□□□□□□□□□□
了解	□□□□□□□□□□□□□□□□□□□□
不懂	□□□□□□□□□□□□□□□□□□□□

填卡日期 单位负责人签名

员工基本情况

档案编号	***			照片
单位	**作业区	姓名	**	
性别	男	用工性质	合同化	
出生年月	**年**月	工作时间	**年**月	
民族	汉	政治面貌	党员	
籍贯	****			
原学历	中专	毕业学校及专业	辉马技校/采油工程	
现学历	大专	毕业学校及专业	中国石油大学（华东）/石油工程	
工种	采油工	职业资格等级及证号	*级/**	
现住址	****			
联系电话	****			

****年员工培训计划表**

单位：**作业区 时间：**年*月

序号	岗位	培训项目	培训时间（起止时间）	培训人数	授课人员	培训形式	备注
1	管理层	VR平台、数字化生产指挥技术				自学	
2		……				自学	
3		……				自学	
4		……				自学	
5	作业区培训	生产指挥系统的内容及上机课件	2.21-2.23	25	生产技术组	集中面授	技能培训
6		基层管理干部培训	2.21-2.23	28	党总支书记	集中面授	技能培训
7		[illegible]	2.21-2.23	25	[illegible]	集中面授	技能培训
8		……					专项培训
9		……					专项培训
10		……					专项培训
11	转油站	冬季输油制度	2.5-2.14	3	培训技师	集中面授	
12		……			培训技师	集中面授	
13		……			培训技师	演练	
14		……			培训技师	演练	

3. 师资队伍建设

聘用本单位技师、高级技师及厂级以上技能专家为操作层兼职培训师，负责操作技能培训。

聘用专业技术人员、厂级以上技术专家为专业理论兼职培训师，负责专业理论知识培训。

聘请单位外资深教师、专家，开展管理人员能力提升培训。

4. 培训平台建设

应用数字化管理平台，开展多元化网络培训，实现网上讲解、视频演示及网络考试、审核等培训管理。提取各岗位员工应掌握的核心胜任技能及关键知识，编制员工培训大纲、教材、课件及试题库。

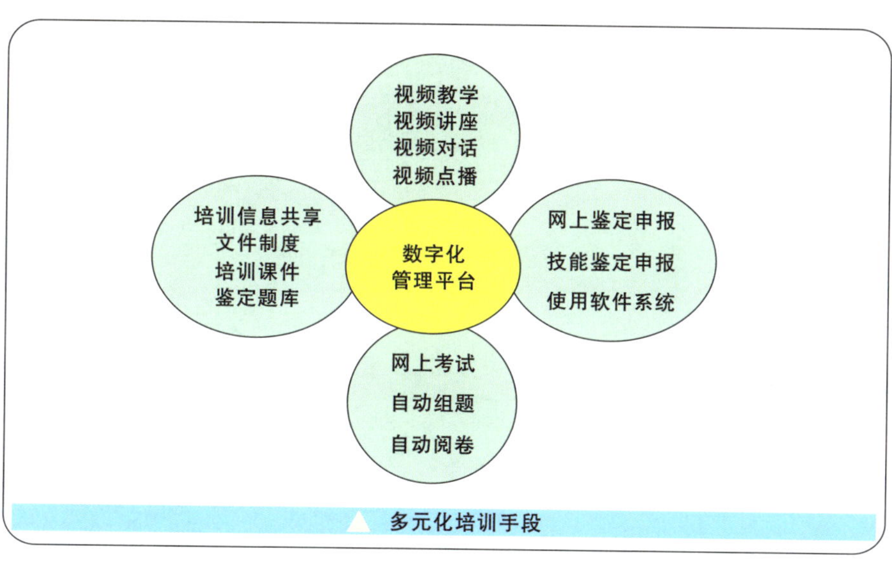

多元化培训手段

数字化培训教材

岗位管理规范

GANG WEI GUAN LI GUI FAN

岗位规范的内容包括岗位职责、生产技术规程和上岗条件三个部分，它是采油厂劳动管理工作的基础。岗位职责主要规定本岗位应承担的生产任务和应负的责任；生产技术规程是指本岗位所必须完成的主要工作、生产流程、规定标准等，是岗位履行职责所必须完成的重要工作项目；上岗条件分为思想政治与专业知识、职业道德、身体条件三个部分，这项内容可以参照通用规范，本书不再阐述。

一、采油厂生产指挥中心

（一）指挥中心职能

编制厂生产运行计划，并组织实施。负责厂生产组织、油气集输、投产投注、车辆、应急、水电讯、道路、防汛、数字化生产指挥中心日常管理工作。

（二）采油厂生产指挥中心岗位规范

对数字化管理平台下的岗位职责、工作流程、工作标准进行了规范。以此让岗位员工清楚干什么？怎么干？干到什么程度？

1. 生产监控岗

（1）岗位职责。

①监控原油产量、油田注水、轻烃生产运行情况，监督、检查生产指挥平台数据录入情况。

②收集生产运行信息，上报产量变化情况，并督促措施落实。

③编制各类生产总结报告。

④开展现场调研，落实存在问题。

（2）工作流程。

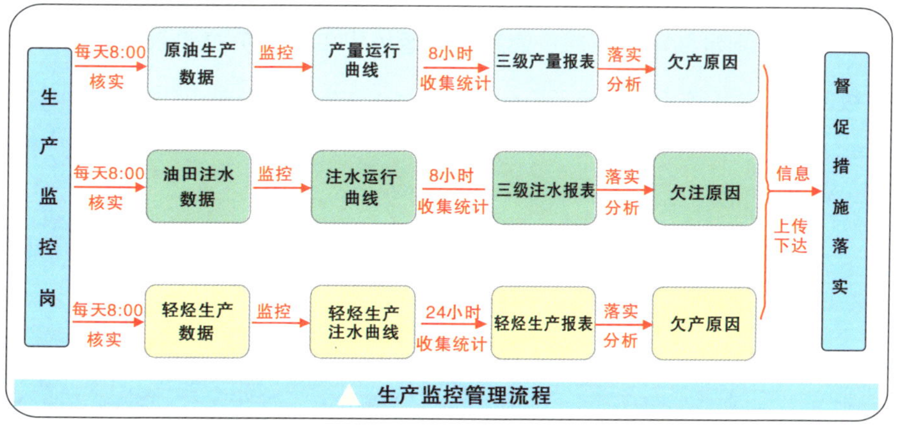

生产监控管理流程

（3）工作标准。

①每日8:30前完成原油生产、油田注水、轻烃生产数据录入的审核。

②每8小时分析原油产量、油田注水运行情况，形成日监控报表。

③每日10:00前收集各个轻烃厂生产信息，对出现的异常情况及时协调处理。

④每日维护管理原油生产、油田注水、轻烃生产模块内数据，确保数据真实准确。

2. 油气集输岗

（1）岗位职责。

①监控原油集输中全厂大站大库的库存、排量等运行参数，及时协调相关部门进行处理。监督检查原油集输、原油拉运、生产用气模块中数据录入。

②监控全厂拉油点库存、拉油量等参数；出现预警，及时协调组织拉油。

③负责监控生产用气的运行压力，当供气压力超出运行范围时，及时联系相关单位协调解决。

④负责新建集输管线、集输大站投运组织工作；负责组织全厂范围内二级动火相关工作。

（2）工作流程。

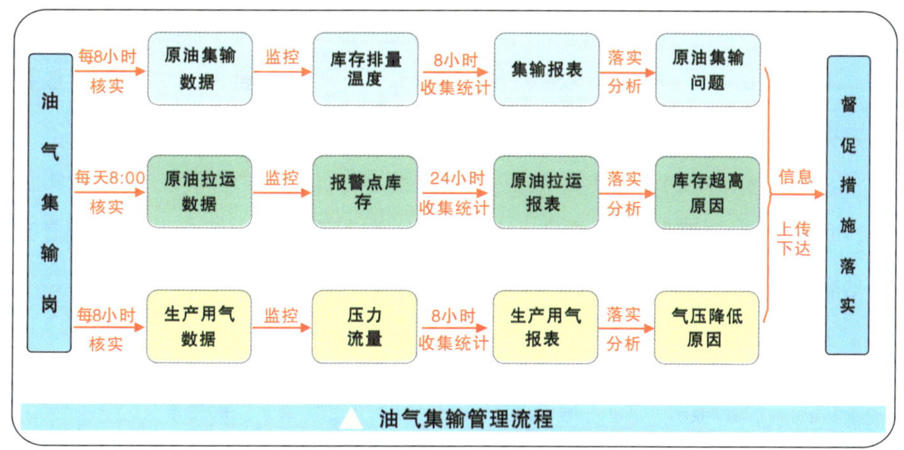

油气集输管理流程

（3）工作标准。

①每日9:30前完成油气集输、原油拉运、生产用气数据录入的审核。

②每8小时监控原油集输系统大站的库存、排量、温度重点运行参数，形成日监控报表，及时协调产输平衡中的问题。

③每日8:00查看全厂报警拉油点库存信息，对出现的报警情况的及时协调拉油。

④每8小时监控生产用气中各站点天然气压力、排量，形成报表，及时协调天然气压力降低问题。

⑤每日维护管理油气集输、原油拉运、生产用气模块内数据，确保数据真实准确。

3. 产能建设岗

（1）岗位职责。

①监控钻井、测井、试油、投产动态，收集动态信息，协调处理过程中出现的问题，监督数据及时更新。

②负责新井投产投注、站点投运的组织、协调、验收及信息收集工作；负责新井产量跟踪与核实，并对变化井进行统计分析。做好月度产建计划编制、进度跟踪及现场监督工作。

（2）工作流程。

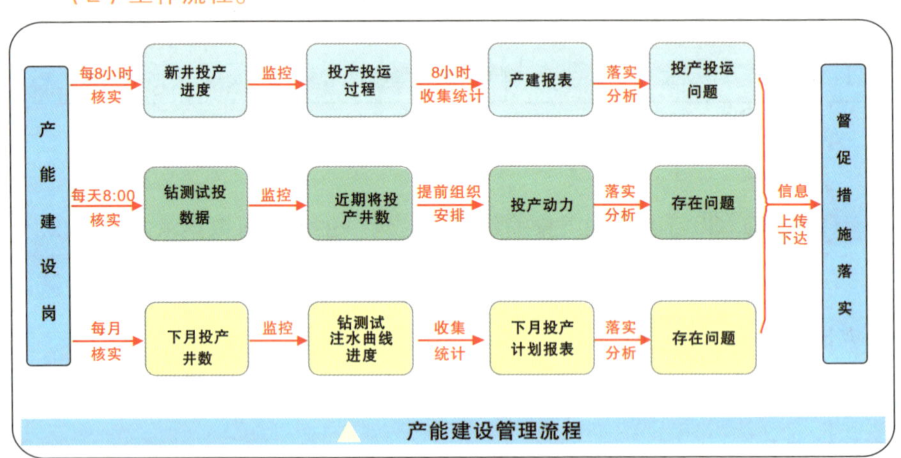

产能建设管理流程

（3）工作标准。

①每8小时监控新井投产进度，形成日监控报表，及时协调投产过程中的问题。

②每日8:00查看全新井钻、测、试进度，对下一步投产时间做出预计，并形成下月投产投运报表。

③定期对建成的井、站组织验收、投运。

4. 生产调度岗

（1）岗位职责。

①负责调度日志的维护，各类信息的上传下达及数据报表的管理等工作。

②协调处理生产和安全的一级预警信息，监督处理二级预警。

③负责24小时值班，对环境敏感区、输油泵运行参数、溢油监测装置进行实时监控。

④负责日常生产组织协调，跟踪监督各项生产环节和生产组织工作的落实，发现问题，及时联系相关部门和单位进行协调解决。对各种重大事件和突发事件进行上报和处理。

（2）工作流程。

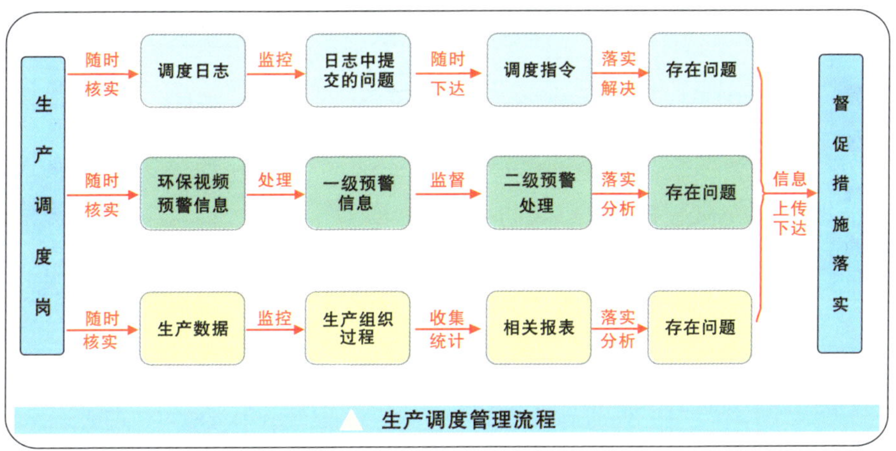

▲ 生产调度管理流程

（3）工作标准。

①随时协调处理调度日志之中作业区反映的问题，按照规定记录生产事件，并上传和下达生产指令。

②每8小时收集一次生产数据，并形成报表，对出现问题的要核查原因并上报。

③24小时值班，监控重点视频和预警信息，处理一级预警信息，监督处理二级预警信息。

5. 车辆管理岗

（1）岗位职责。

①调度、监控全厂车辆运行，发现超速及时上报。

②对全厂电子路卡系统的运行情况进行抽查监控，监督作业区处理系统中出现的可疑车辆。

③负责外部车辆准入申报工作，并办理相关准入手续。

④负责厂运力管理及外雇车辆调派、监控工作。

（2）工作流程。

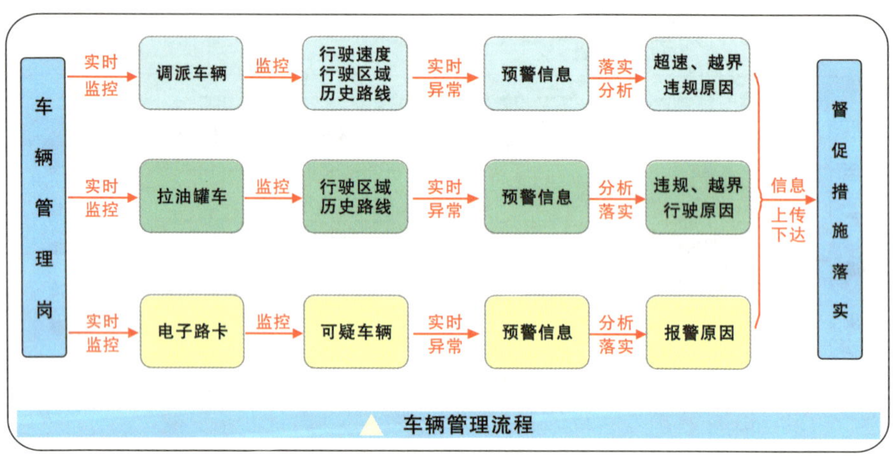

车辆管理流程

（3）工作标准。

①每天合理安排运力，完成车辆调派工作。

②每日实时监控全厂调派车辆，重点监控车辆行驶速度、区域和历史路线。

③随时抽查作业区配属车辆运行情况，记录超速、越界车辆信息，纠正违章违规行为。

④每日实时监控全厂拉油罐车运行情况，记录拉油罐车行驶区域，随时抽查罐车历史行驶路线。

⑤每日监控全厂电子路卡运行情况，核查作业区电子路卡使用情况，核实可疑车辆信息及行驶区域，并协调相关单位处理解决。

6. 应急管理岗

（1）岗位职责。

①更新厂级总体应急预案、专项预案信息，督促各单位更新基层单位应急预案和班站应急处置措施；定期更新平台中的信息。

②监控气象预警，查看油区各地天气变化情况，并及时告知各单位重要气象预警情况。

③负责全厂应急物资储备管理，定期更新应急物资中各类物资台账，确保物资储备充足、完好。

④负责编制全厂应急预案演练计划，并定期组织各单位进行应急演练；参与应急抢险的组织协调、资料收集及预案定期评审工作。负责应急抢险的组织、协调和负责全厂应急培训、管理及考核。

（2）工作流程。

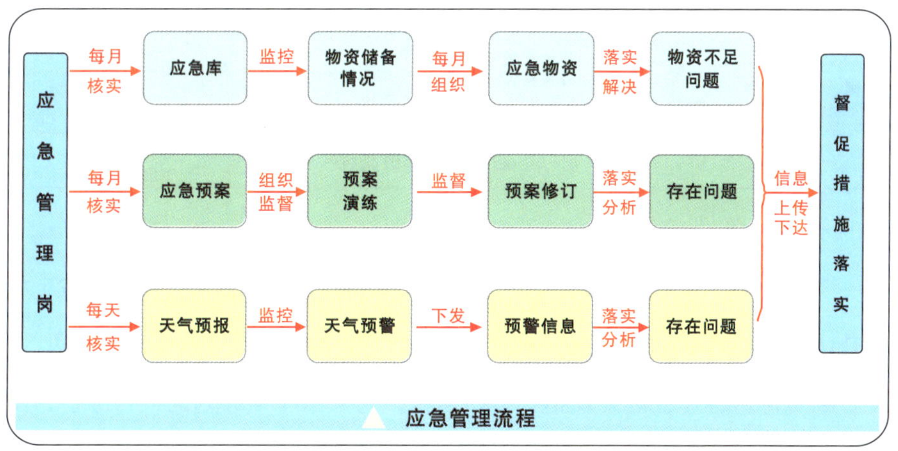

应急管理流程

（3）工作标准。

①每月核实各级应急库物资储备情况，及时协调补充应急物资。

②每月检查二级应急预案演练情况，组织一级应急预案演练，定期修订一级应急预案，检查二级预案和处置措施修订情况。

③每天查看天气预报情况，对于预警天气要及时下发给作业区，及时做出应急措施。

7. 动态监控岗

（1）岗位职责。

①监控全厂综合开采曲线，波动井督促作业区落实原因。

②负责各作业区动态变化处理意见，审核并提出下步措施。

③负责核查油水井动态、开发指标模块中基本信息。

（2）工作流程。

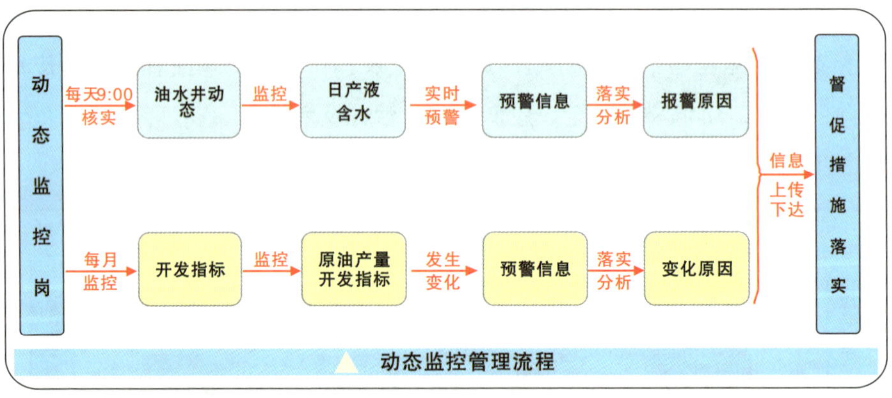

▲动态监控管理流程

（3）工作标准。

①每日9:00前完成油水井动态处理意见录入的审核，并对日产液和含水波动井比例超过5%的区块预警信息进行监控，每天填写处理意见并跟踪落实。

②每月对各作业区开发指标进行监控，对超出年初计划的进行分析，制定措施并督促落实。

③每日维护管理油水井动态、开发指标模块中基本信息，督促各基层单位及时采集、准确录入数据，确保数据真实准确。

8. 井下管理岗

（1）岗位职责。

①编制维护性作业计划，跟踪运行动态，及时录入油水井措施进度、增油等基础数据。

②远程监控油水井措施及维护性作业进度，及时处理预警信息，协调解决现场问题。

③监控全厂工况系统上线率，发现问题及时联系相关部门解决。

④监控全厂油水井工况变化，督促作业区及时对工况异常井进行处理，确保井筒正常。

（2）工作流程。

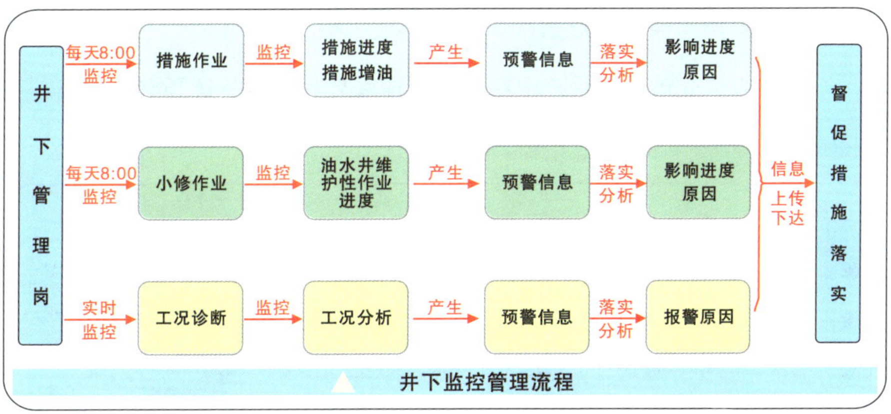

井下监控管理流程

（3）工作标准。

①每天8：00对措施增油进度和增油量进行监控，分析影响进度原因，督促相关单位、部门落实。

②每天8：00对油水井维护性作业进度进行监控，分析与计划相差原

因，督促进度加快。

③实时对工况诊断预警信息进行监控，督促作业区及时对工况异常井进行处理。

④每日维护管理措施作业、小修作业、工况诊断模块中基本信息，督促各基层单位及时采集、准确录入数据，确保数据真实准确。

9. 安全管理岗

（1）岗位职责。

①负责全厂大站大库原油单罐库存的监控，确保单罐库存不超出安全库存。

②负责全厂大站大库可燃气体浓度的监控，协调处理发生可燃气体报警和硬件损坏问题。

③负责对全厂重点要害部位、重点施工现场进行视频监控。

④负责全厂车辆运行情况的监控，发现超速、超区域行驶及时处理，同时与软件公司沟通更新数据库。

⑤负责组织处理安全生产一级预警，监督处理二、三级预警。

（2）工作流程。

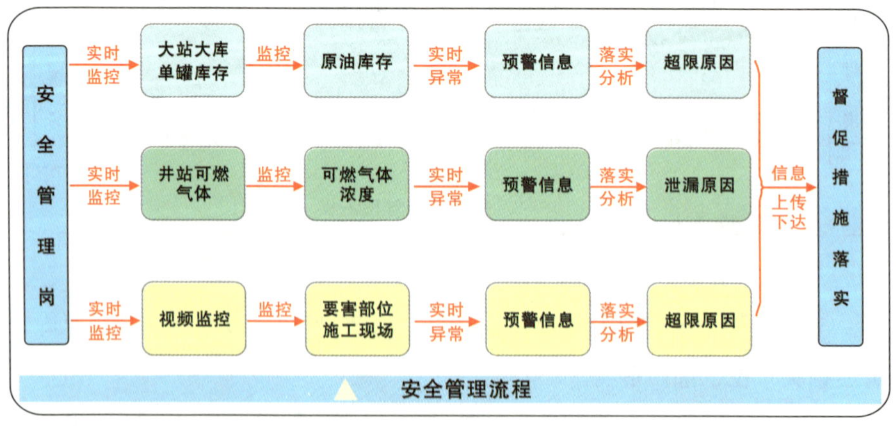

▲ 安全管理流程

（3）工作标准。

①24小时实时监控大站大库的原油单罐库存数据。

②每日9：30时前完成单罐生产数据录入的审核。

③24小时实时监控井站重点区域可燃气体探测仪运行情况，分析可燃气体浓度，落实可燃气体浓度超标原因。

④每日监控重点作业现场、要害部位，纠正违章违规行为，对出现的异常情况协调相关部门处理。

⑤24小时监控全厂井站生产现场，出现问题联系相关单位落实解决。

10. 环保监控岗

（1）岗位职责。

①对全厂大站大库输油泵及外输管线运行参数进行监控，出现超限预警及时查找原因，协调处理解决。

②负责大站大库外输泵泵压、外输压力、排量的预警限值设定，监督作业区输油泵限值设定是否合理。

③对全厂大站大库外输管线截断阀参数进行监控，出现超限预警及时查找原因，协调处理存在问题。

④对全厂主要环境敏感区重点视频进行实时监控，发现原油泄漏现象及时上报和协调处理。

⑤负责对输油泵、截断阀、拦油设施模块中基本信息进行更新、处理。

（2）工作流程。

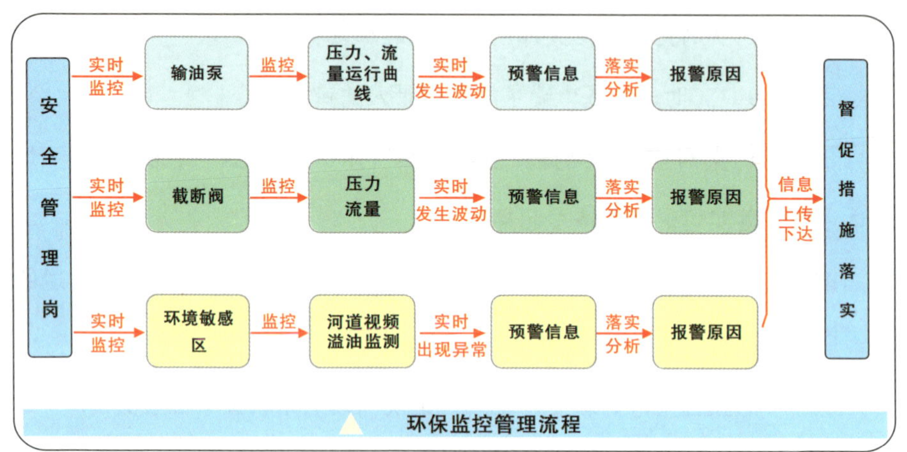

环保监控管理流程

（3）工作标准。

①每日24小时监控大站大库输油泵、外输管线的压力、流量的波动情况，督促落实预警信息。

②每日24小时监控全厂长输管线上截断阀运行情况、实时监控阀前后压力、流量的波动情况，督促落实预警信息。

③每日24小时监控油区环境敏感区域河道、水库及管桥溢油监测系统，分析落实异常预警信息，督促协调相关单位落实处理。

二、作业区机关组室

（一）调控中心

调控中心职能：运用数字化管理平台，对所辖井站实时监控，负责生产运行管理、组织协调、安全环保、设备管理、数字化管理、计划管理、土地外协、水电讯运管理，以及日常生产信息收集汇总等工作。

1. 调控中心主任（副主任）岗

（1）岗位职责。

①协助生产副经理做好生产组织运行工作。

②负责组织协调、安排部署本组室全面工作，制定工作规划并组织实施，同时与其他组室协调配合完成各项工作。

③负责全区产量运行管理，组织作业区数字化信息监控工作。

④负责作业区新井投产、水、电、气、路、通讯、运费的管理工作。

⑤负责作业区应急抢险工作的组织。

⑥抓好车辆的管理工作，做好车辆绩效考核及路查工作。

⑦组织作业区安全环保、土地外协及矿权维护工作。

⑧组织阶段性重点工作，并监督考核（电力春检、夏防洪防汛、冬防保温）。

(2)工作流程。

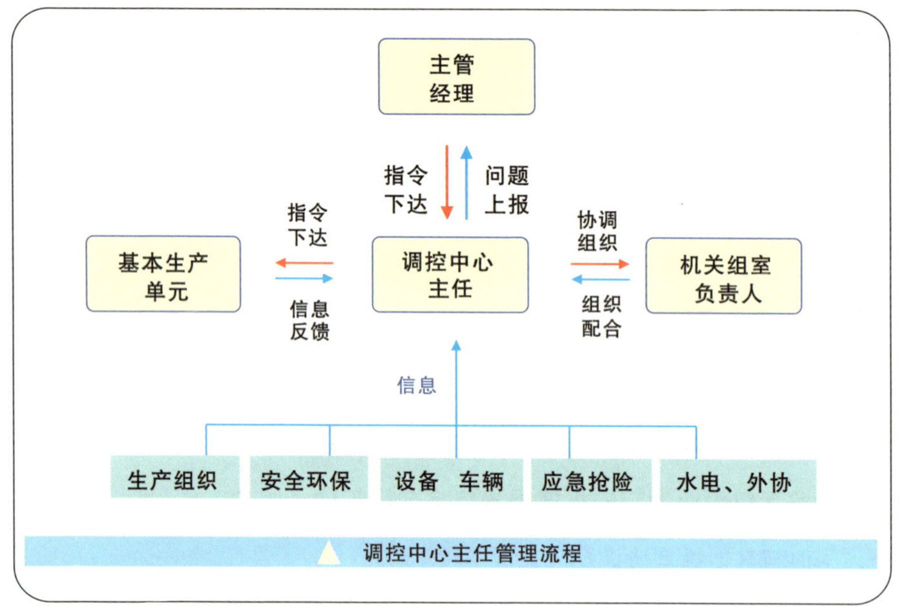

▲调控中心主任管理流程

(3)工作标准。

①每天组织开展碰头会,每五天组织开展生产调度会。

②每天进行产量运行分析,数据外报。

③每月组织1次应急预案演练。

④每月组织开展作业区水、电、气、路、通讯的检查工作及运输费用的结算工作。

⑤每月组织1次车辆安全检查工作,做好车辆绩效考核及路查工作。

⑥每月20日~25日组织车辆,检查作业区安全环保、土地外协、道路维护及矿权维护工作。

2. 生产运行岗

（1）岗位职责。

①协调解决作业区日常生产中的问题，组织开展投产投注工作。

②组织开展站点投运、原油拉运、节能节水、应急抢险工作。

③开展作业区车辆、道路、水、电、讯管理工作。

（2）工作流程。

①生产辅助：运用数字化生产指挥系统生产辅助模块，管理水、电、讯及车辆管理、原油拉运。

确保运行正常

生产辅助管理流程

应用GPS监控系统，随时掌握车辆行驶动态，合理调派车辆，保障生产需要。

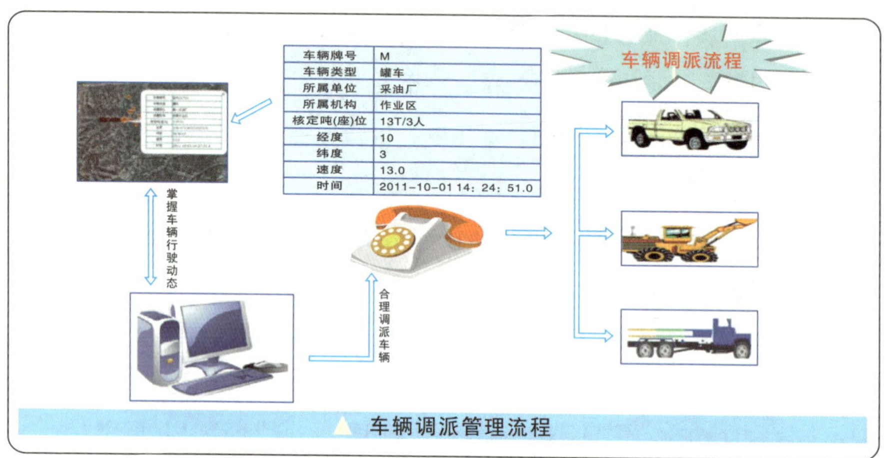

▲ 车辆调派管理流程

②应急抢险：应用数字化生产指挥系统应急抢险模块，组织抢险工作。

▲ 应急抢险管理流程

（3）工作标准。

①根据作业区产量变化情况，安排人员和车辆开展原因分析和措施执行。

②每天8：00和17：00查看原油拉运界面，监控拉油点库存，根据库存变化、天气状况，及时组织原油拉运。

③依据相关要求与季节特点并结合生产现状，制定阶段性重点隐患应急预案，组织开展应急演练工作；每季度开展应急物资储备检查。

④负责作业区电力系统的维护与管理，制定维护方案，办理临时用电手续。

3. 信息监控岗

（1）岗位职责。

①监控作业区原油生产、油田注水、轻烃生产运行情况。

②监控站控系统及检测点运行状况，处置异常情况。

③监控拉油点库存、GPS系统及电子路卡预警信息。

④监控作业区重点工作执行情况及重点区域运行情况，负责收集汇总生产信息、下达生产指令。

（2）工作流程。

①信息管理：收集、汇总和分析生产数据，填写调度日志及生产运行报表。监控作业区重点工作执行情况、上传下达各项生产指令。

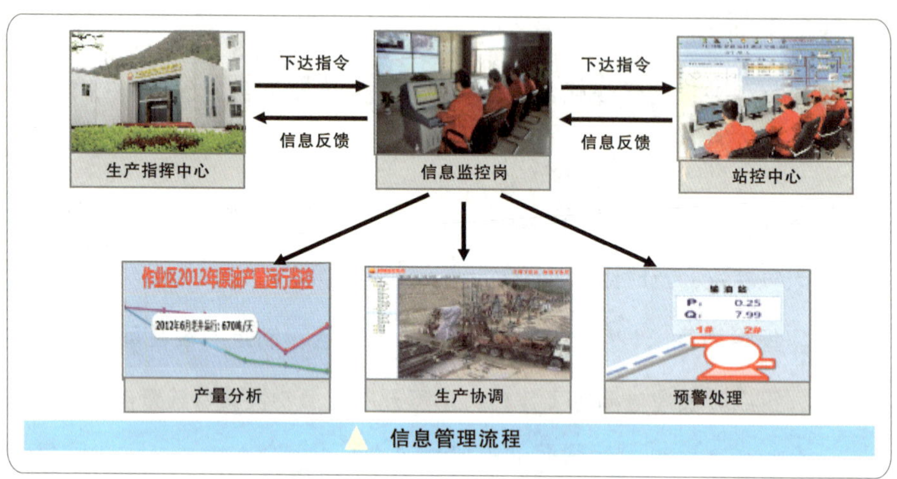

信息管理流程

②产量监控：按照“监控分析落实”三步法执行。

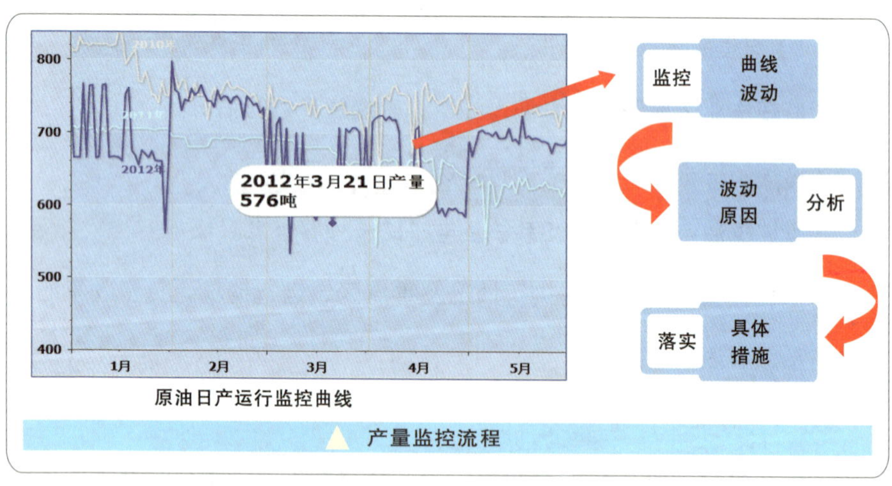

产量监控流程

③预警处理：上报一级预警信息，处理二级预警信息，监督三级预警信息处置。

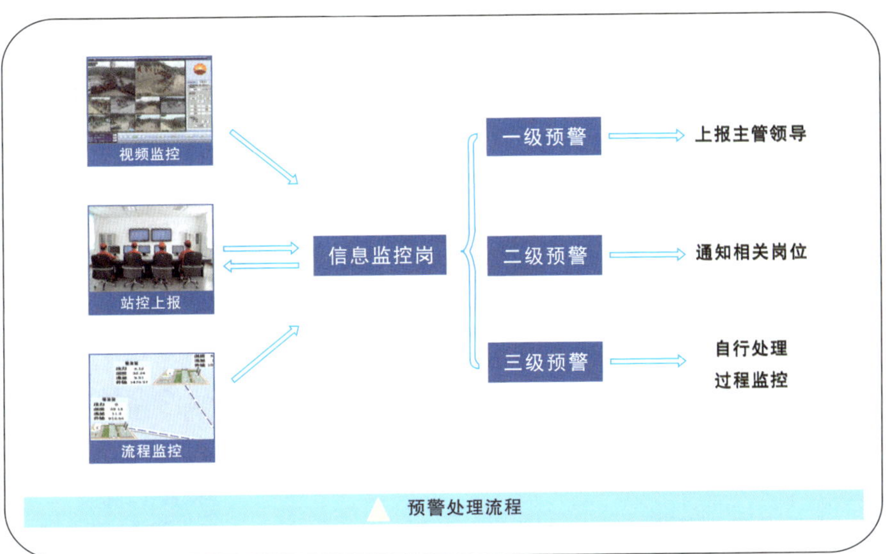

预警处理流程

④站点参数监控。

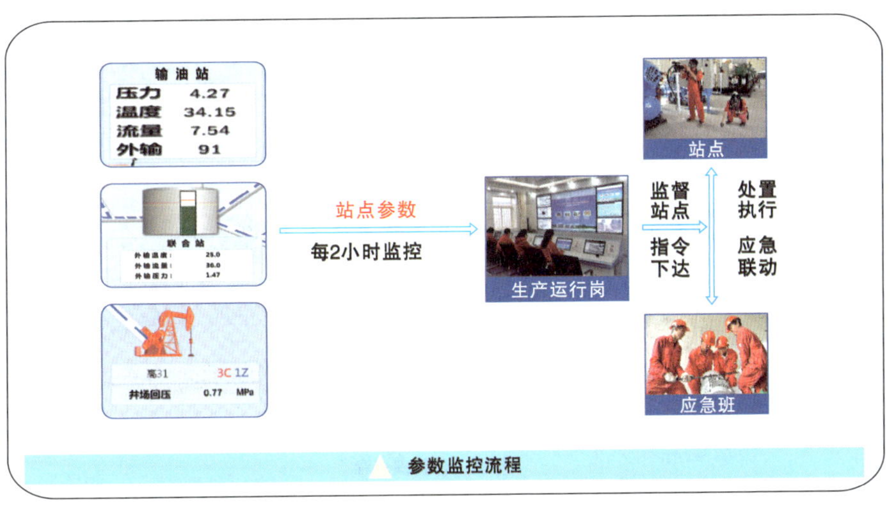

参数监控流程

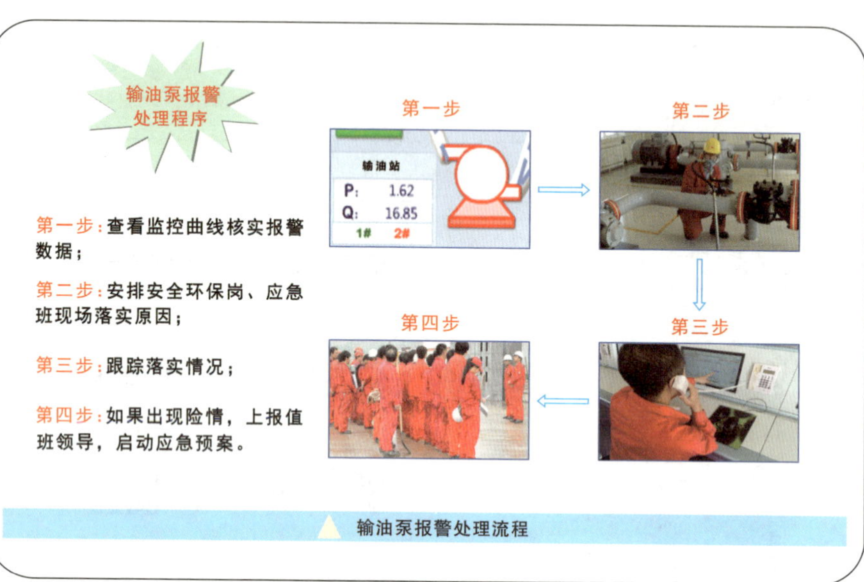

▲输油泵报警处理流程

⑤重点工作落实。

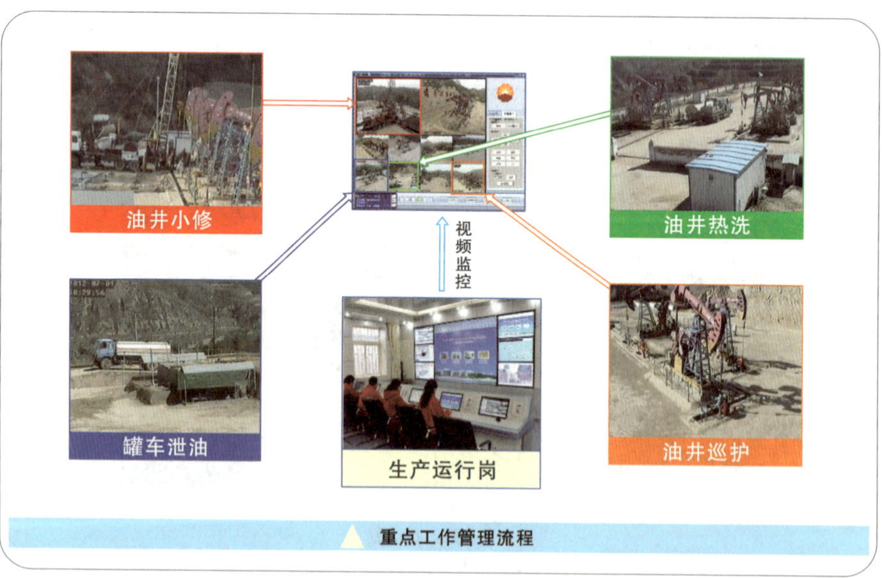

▲重点工作管理流程

（3）工作标准。

①每天8:00登陆数字化生产指挥系统原油生产、油田注水界面，监控产量、注水任务完成情况，查看作业区每天产量及各站点产量完成情况，对站点欠产原因进行分析，并反馈生产技术室，安排生产措施，并监督落实。

②每天8:00和17:00查看原油拉运界面，监控拉油点库存，根据库存变化、天气状况，及时组织原油拉运。

③车辆调派必须开具行车任务单，严格执行车辆管理规范，结合GPS监控系统，随时掌握车辆行驶动态，合理调派车辆。

④维护数字化生产指挥系统调度日志模块，及时处理预警信息，完成生产指令的上传下达。

⑤监控重点工作执行情况，应用视频监控模块修井作业界面每2个小时查看油水井作业工作进度，确保措施质量及措施过程安全受控。

⑥每天查看气象预警界面，特殊天气及时向各部门发布预警信息。

4. 安全环保岗

（1）岗位职责。

①开展作业区HSE体系建设工作、维护HSE信息系统。

②审核施工作业资质，办理作业许可手续，并进行现场监督。

③开展作业区车辆行驶、消防安全管理工作，定期组织安全教育培训与安全环保检查工作。

④开展安全环保管理工作，完成隐患的排查、立案、销案工作。

⑤组织员工职业健康体检，维护员工职业健康档案。

(2) 工作流程。

①施工管理。

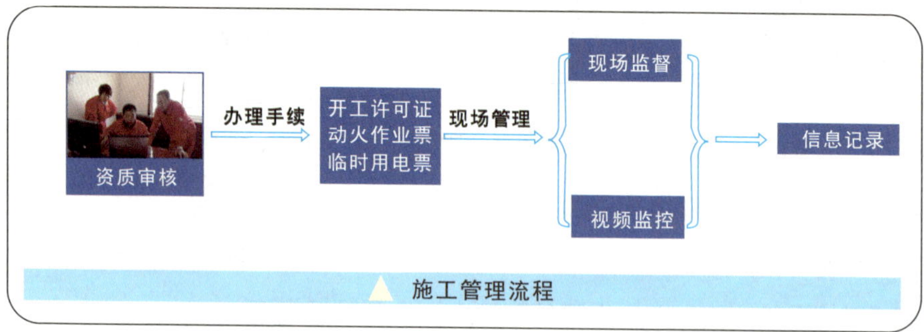

施工管理流程

②安全管理。

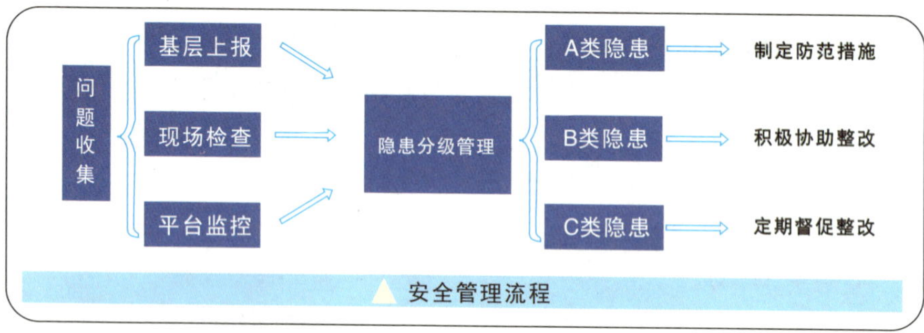

安全管理流程

③安全环保管理流程。

调控中心：重点监控油水站点及集输管线。

站控中心：监控所辖站点设施、输油及单井管线。

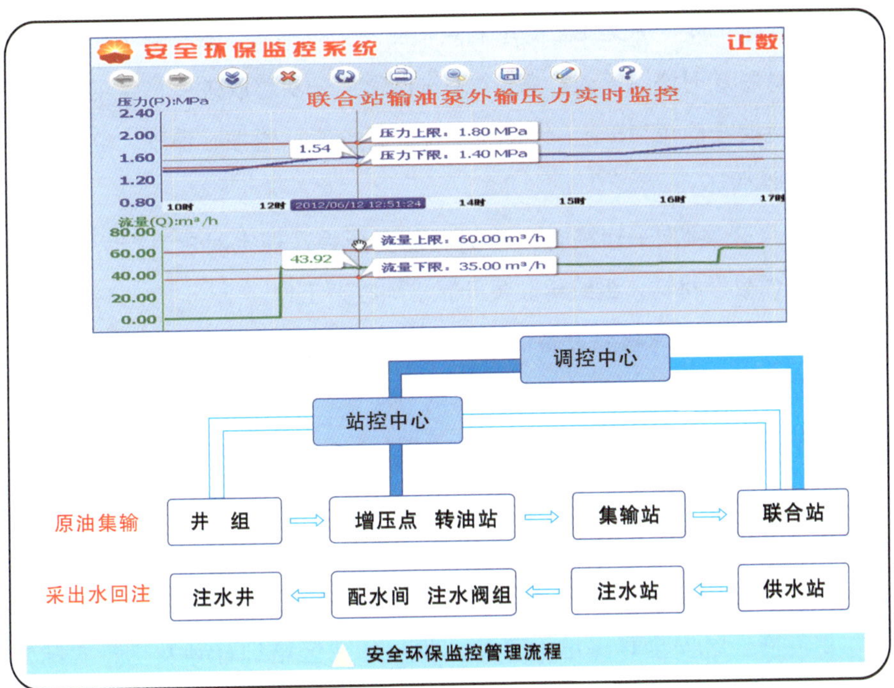

安全环保监控管理流程

（3）工作标准。

①审核市场化队伍资质，按照作业许可规定办理手续；应用视频监控对井下作业、油气区动火等作业现场监督，异常情况立即处理；发现违章操作或安全隐患等情况及时叫停整改。

②应用GPS监控模块，监控车辆超速、驶出规定区域外的违章车辆，并进行处理。

③每2小时巡查站点外输参数，核查输油泵外输压力高于或低于设定压力的20%以上报警原因，做好记录，上报上级部门。

④每月组织安全环保检查，按照相关规定对基层安全管理进行考评。下发问题整改通知单，要求定期整改并组织复查。

⑤开展安全环保隐患排查工作，每5个工作日对全区A、B类隐患进行收

集、分类、反馈；对A类安全隐患制定相应的防范措施，定期现场检查；对B类安全隐患及时协调整改，每5个工作日通报一次整改进度，直至隐患消除；对C类安全隐患以5个工作日为单位进行检查、通报、整改、复查，形成一个良性循环。

⑥每月开展4次车辆路查，依据交通安全管理规定对违章行为通报处理，并制作教学材料，组织驾驶员开展培训教育工作。

⑦负责可燃气体检测设备的维护管理，应用可燃气体在线监控模块对全区各站点可燃气体预警信息进行核查、处理；对全区可燃气体检测设备出现的故障进行记录并及时进行维护管理；每年对检测设备进行标定、校验。

⑧每月检查一次井站消防设备设施，建立设备设施登记台账。每季度组织开展一次消防演练，每年组织义务消防员进行消防培训工作。

⑨负责全区安全环保培训工作，根据作业区培训计划及生产实际需要，每月在全区范围内开展安全教育培训工作。

⑩每年3月～10月份组织员工开展职业健康体检工作，体检人员覆盖率必须到达100%。

5. 设备管理岗

（1）岗位职责。

①制定设备管理工作计划，负责设备检查、维护、考核工作。

②负责设备操作培训，完善基础数据管理。

③负责新技术、新设备、新材料的推广应用工作。

（2）工作流程。

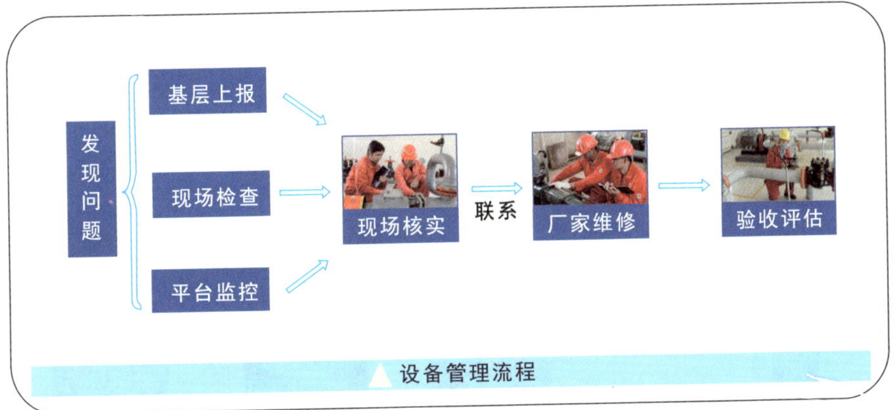

设备管理流程

（3）工作标准。

①负责制定作业区设备管理工作计划，根据季节特点安排设备保养维护工作的计划及方案。

②每月开展1次设备检查，按照设备保养管理规定检查设备保养情况，下发整改通知单，并组织复查。

③每月开展1次车辆设备大检查，依据车辆管理规定对问题车辆开具维修整改通知单。

④负责开展作业区设备技术管理、基础数据管理工作；每月20日通过ERP系统对全区设备数据进行维护更新；每月25日前完成本月设备维修费用录入。

⑤现场维修设备，必须办理相关的动火、用电等安全管理票据；设备管理岗监督现场维修过程，并进行验收评估。

⑥每月开展作业区设备操作及维护的培训工作。

⑦开展作业区新技术、新设备、新材料的推广应用工作。

6. 土地外协岗

（1）岗位职责。

①负责作业区外协工作，处理企地关系。

②负责作业区矿权维护工作。

③负责作业区土地租用、赔偿及资料汇总上报工作。

（2）工作流程。

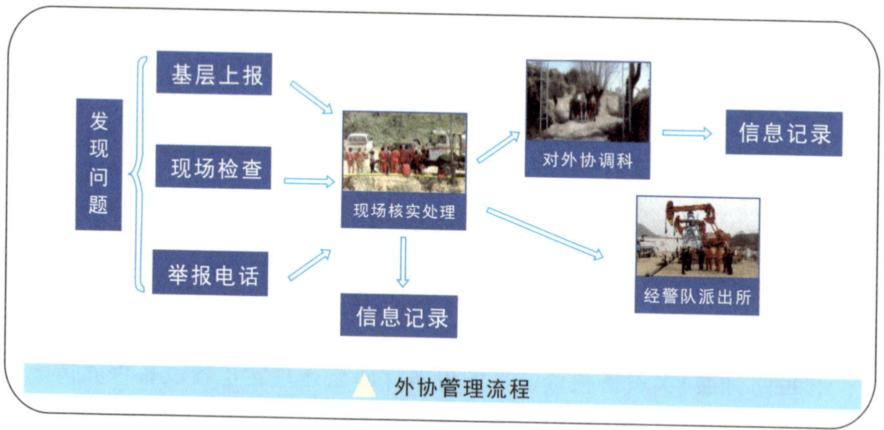

外协管理流程

（3）工作标准。

①现场调查、解决基层发生的外协纠纷。

②定期巡查辖区内侵权情况，及时、准确、全面掌握本单位所管辖区内的任何侵权活动，及时上报相关信息。

③按程序和标准开展临时征地工作。

④做好水土保持设施维护，避免水土流失；有计划地对水土流失问题进行治理。

（二）生产技术室

生产技术室职能：负责作业区地质、工艺技术、数字化管理，开展技术分析与决策，油水井措施作业管理和数字化建设运维管理等工作。

1. 主任（副主任）岗

（1）岗位职责。

①协助技术副经理抓好技术管理工作。

②负责安排本组室全面工作，制定工作规划并组织实施。

③负责制定生产技术方面的规章制度，完成上级下达的技术指标。

④负责地质、工艺、数字化等技术监督、管理工作。

⑤负责油水井措施、工艺流程改造、维护性作业的管理。

⑥组织作业区油藏及井筒动态分析工作。

⑦组织开展作业区生产技术、数字化管理考核工作。

⑧组织开展作业区新技术、新工艺、新材料推广应用工作。

（2）工作流程。

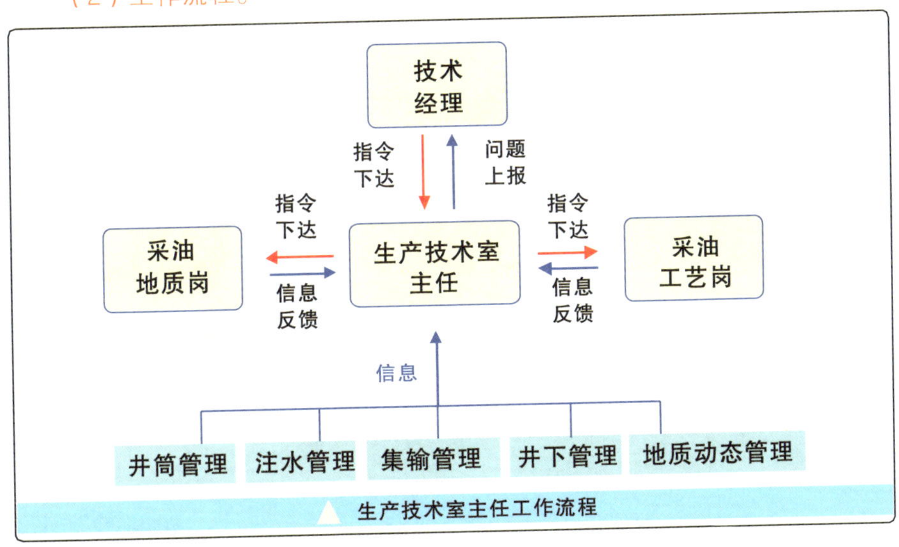

生产技术室主任工作流程

（3）工作标准。

①每月上下旬各组织一次井筒动态分析，每月10日～15日组织油藏动态分析。

②每月20日～25日组织技术基础工作检查。

③每月25日～30日组织完成工艺、地质标准成本系统数据维护工作。

④每月组织更新完善数字化生产指挥系统技术数据，并进行检查考核。

2. 采油地质岗

（1）岗位职责。

①负责油水井开发资料管理，完善油水井基础资料台账。

②开展油藏动态分析，编制油水井措施，提交报告。

③监控数字化平台油田开发动态变化。

（2）工作流程。

①资料录取。

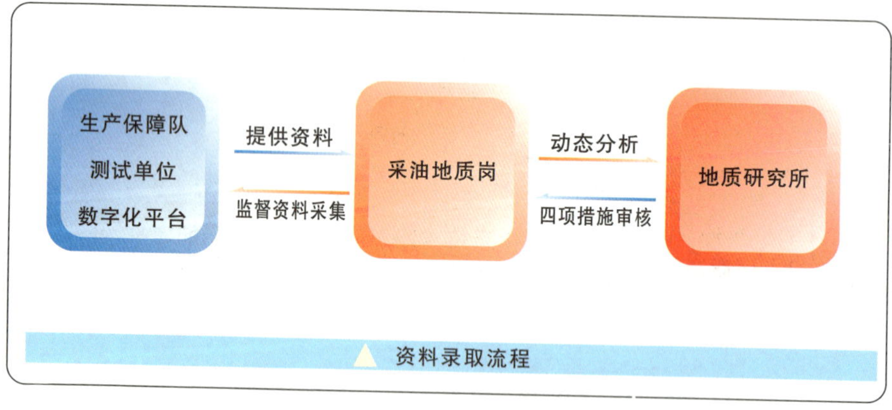

资料录取流程

②油藏动态管理。

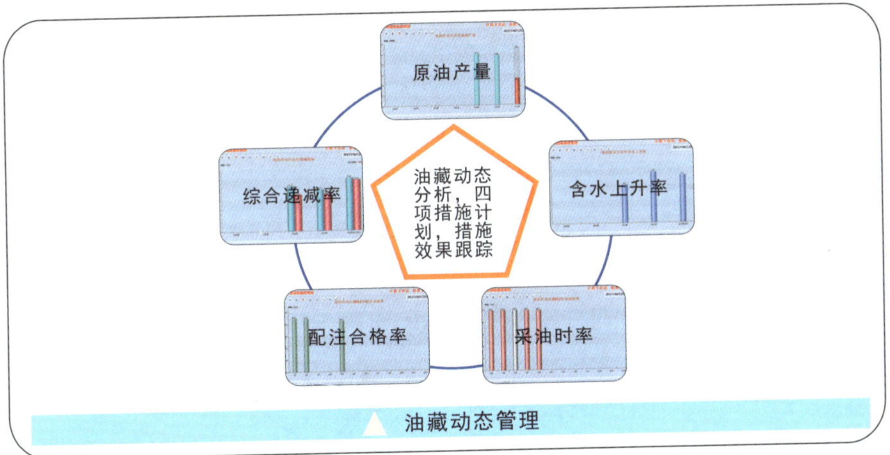

▲ 油藏动态管理

③动态监控。

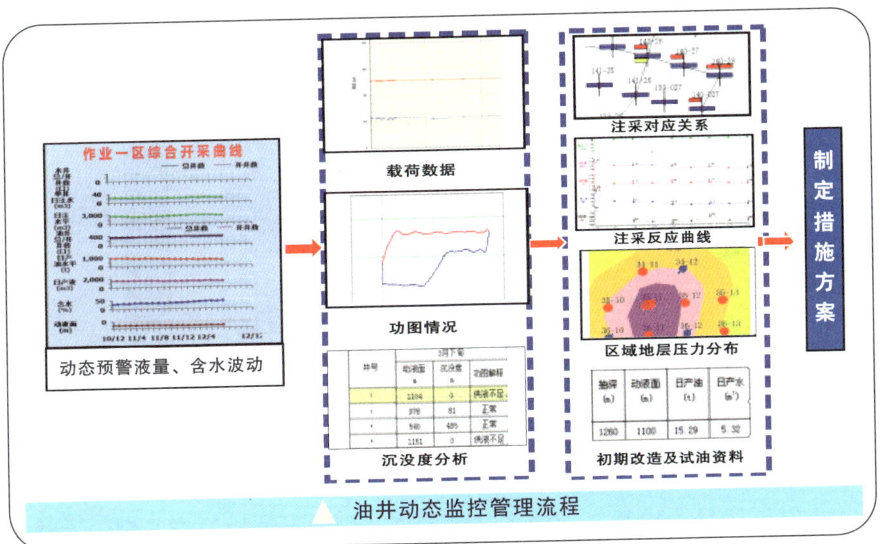

▲ 油井动态监控管理流程

（3）工作标准。

①定期维护更新数字化平台基础数据，处理数字化平台动态预警信

息，分析落实原因，采取相应措施。

②按时完善地质资料台账，绘制地质图件、曲线，维护数字化生产指挥平台等数据库。

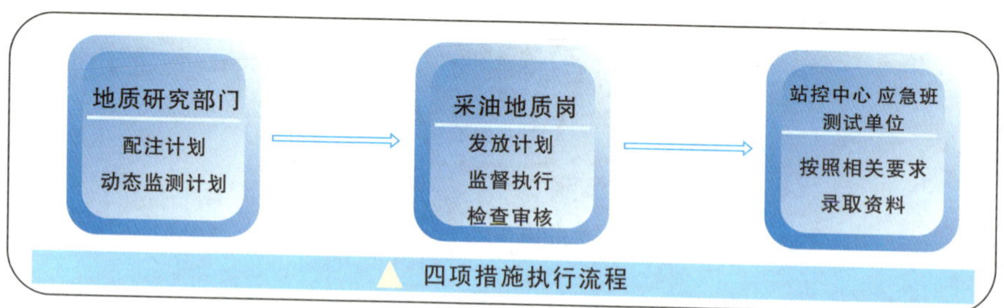

四项措施执行流程

③每月开展一次全区油藏动态分析，提出有效的油水井措施，并跟踪分析，提交报告。

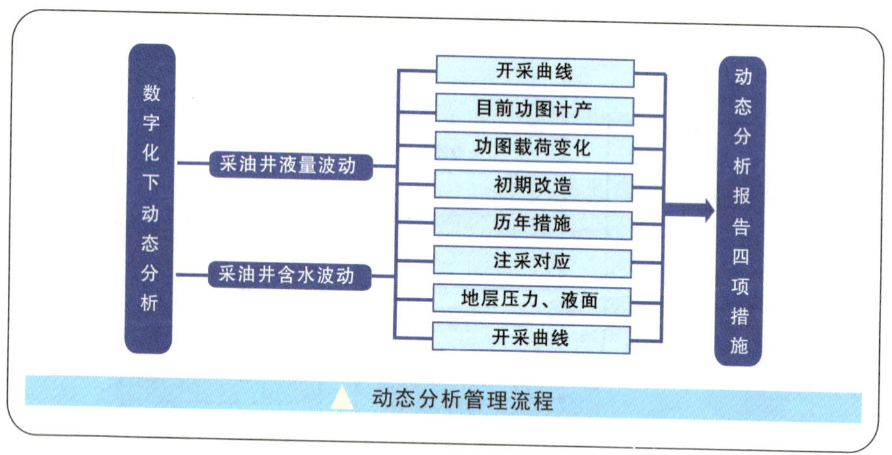

动态分析管理流程

④每年10月～11月完成油水井大调查，制定老油田稳产方案，完成下一年油井配产工作，提出有效的油田稳产开发政策。

⑤每月开展技术工作检查，现场核实站控中心、应急班技术资料，汇总问题，并反馈至相应岗位进行整改。

3. 采油工艺岗

（1）岗位职责。

①维护数字化管理平台，基础数据录入、审核，监控运行参数，处理预警信息。

②开展井筒动态分析，制定井筒措施，编制井下作业方案。

③分析作业区油气集输、注水工艺现状，制定优化方案。

④负责作业区化学助剂与加药设备管理。

⑤负责新工艺、新技术、新材料推广应用与评价分析。

（2）工作流程。

①信息管理。

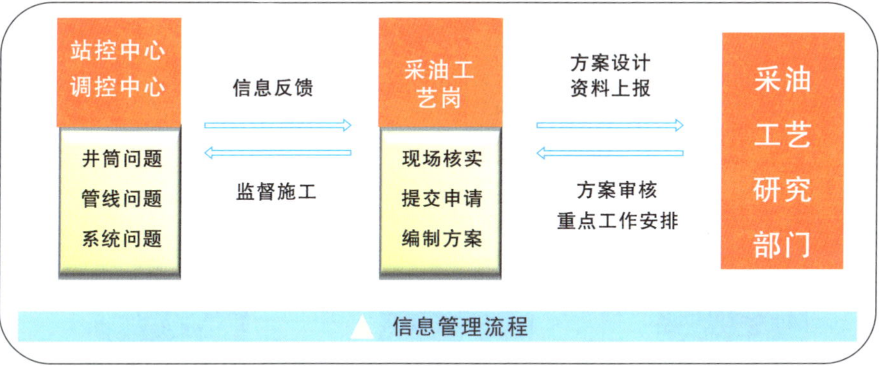

信息管理流程

②预警处置。

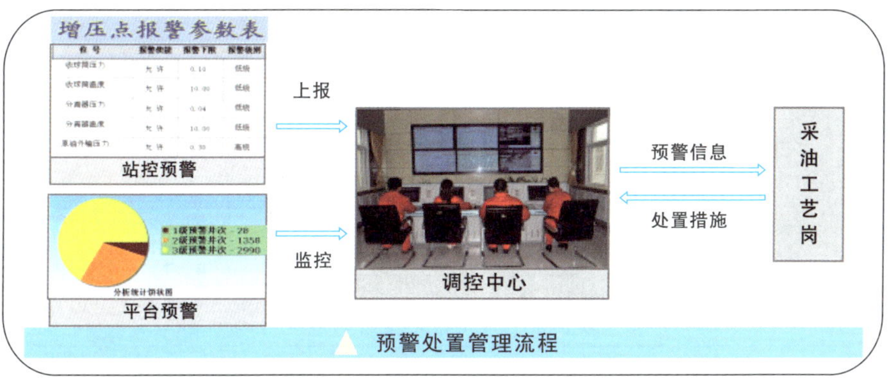

预警处置管理流程

③智能监控注水。

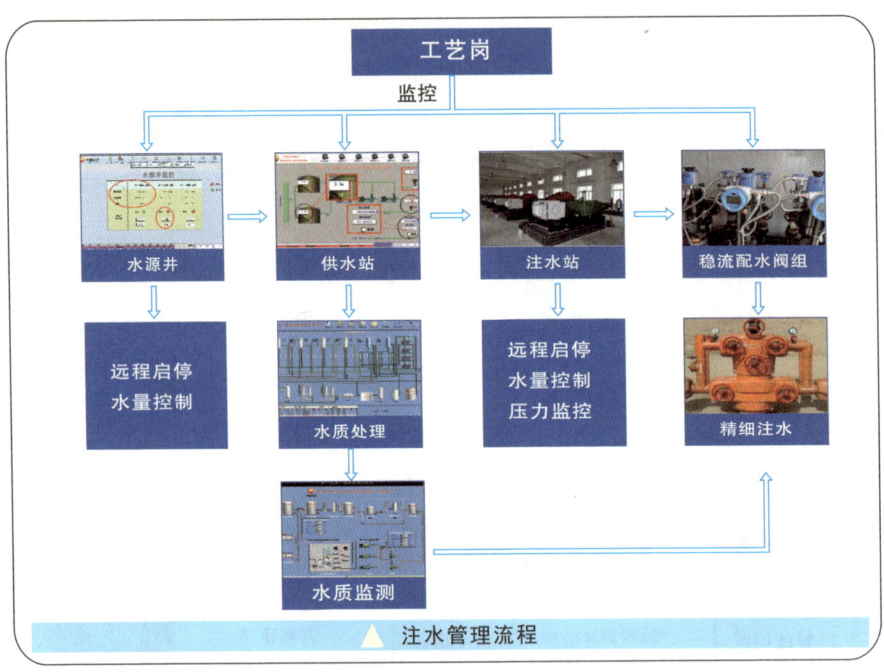

注水管理流程

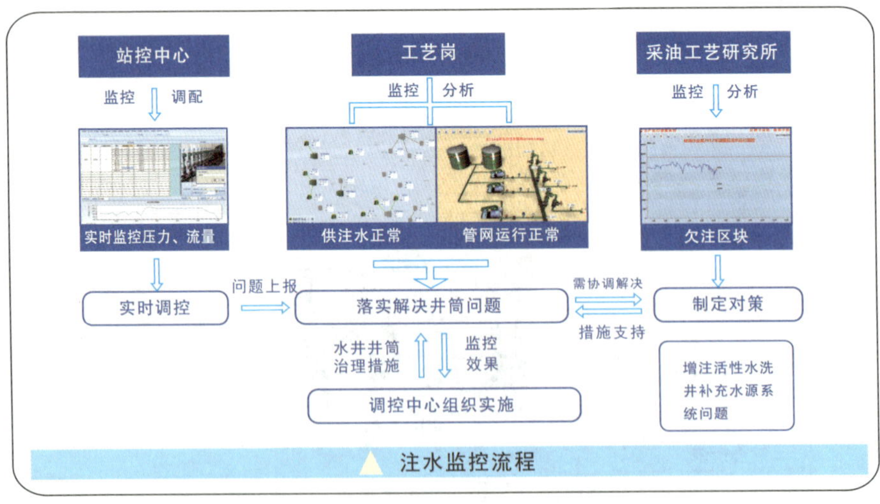

注水监控流程

④数字化采油井筒管理。

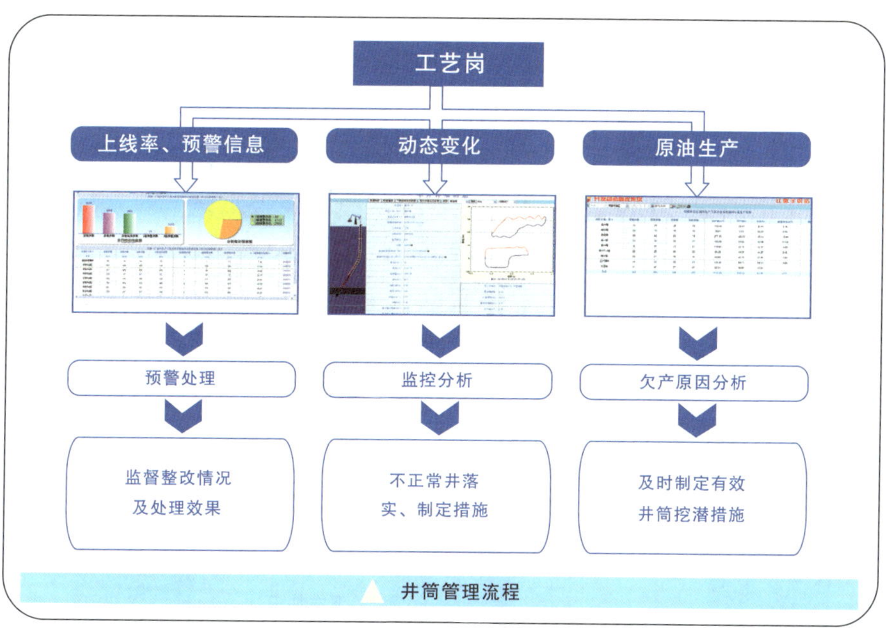

⑤应用数字化平台监控集输系统。

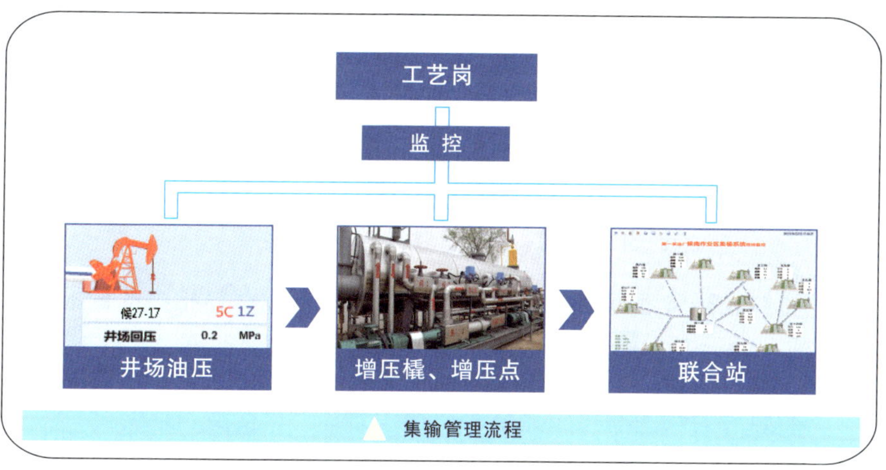

⑥应用数字化平台进行井下作业管理。

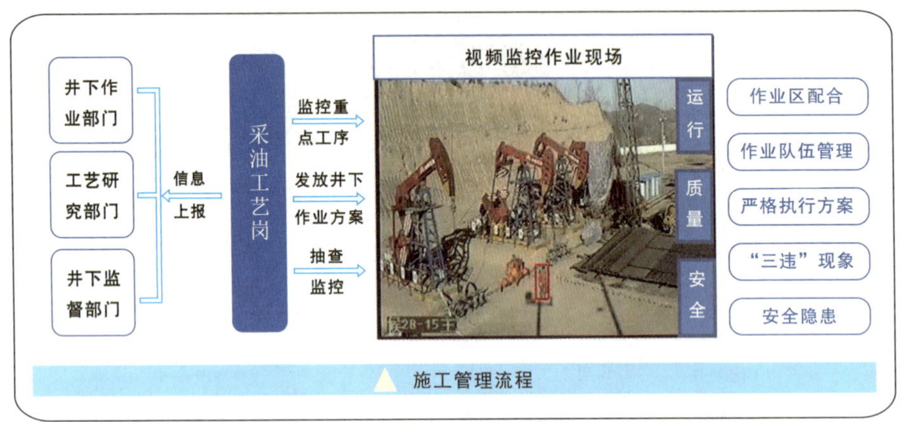

施工管理流程

⑦化学助剂管理流程。

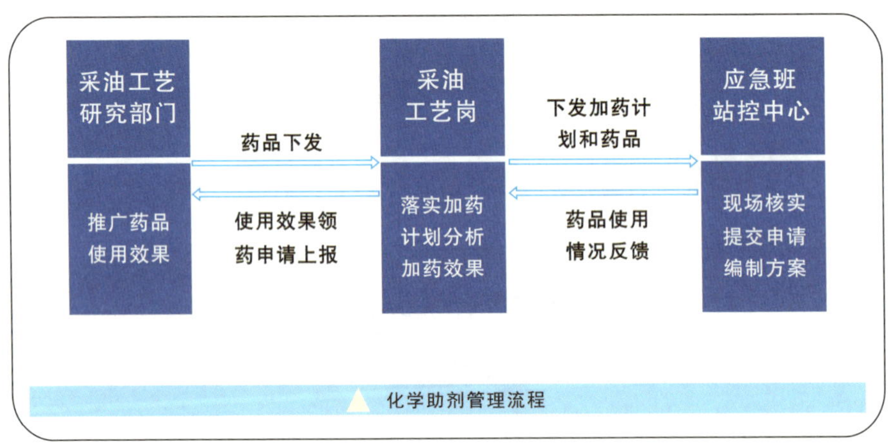

化学助剂管理流程

（3）工作标准。

①资料台账管理标准：按时保质保量上报各类井筒相关的日报、旬报、月报、季报、年报等资料报表，完成各类工艺资料台账。

②按时处理数字化生产指挥平台及站控中心地面工艺、井筒预警信息，制定相应措施方案，并监督执行跟踪措施效果。

③每月向上级汇报所辖区块工艺动态变化及措施效果情况。

④地面工艺管理标准。

一是每天8:00～9:00向调控中心反映问题，浏览查看数字化生产指挥系统上地面工艺系统参数，落实解决存在问题。

二是根据采油工艺油气集输管线管理制度，每月对全区管网运行情况进行调查，发现问题，制定相应处置措施。

三是全程监督井站集输系统建设、改造施工过程，确保施工方完全按照方案执行。

四是根据季节气候变化及站点系统改造情况，及时完成站点集输系统报警参数的合理及输油制度的修订、审核、下发、监督执行。

五是根据化学助剂使用管理办法及操作规程、危险化学药品管理规定、加药系统运行制度等，每月负责化学助剂的上报、协调、储存、下发、执行过程监控等。

六是每月不定期对压力表校验进行检查，月底统计校验结果形成月报，上报相关技术部门。

七是根据计量系统维修管理制度，及时维护校验作业区计量仪器仪表，确保油井计量、注水量监控的准确性、高效性。

八是根据投球仪管理制度、投球工艺实施办法，每月监控井场数字化自动投球设备的使用与管理，并负责新工艺新技术推广应用与评价分析。

⑤油井井筒管理管理标准。

一是每天按时处理数字化平台工况诊断预警信息，并查看油井工况分析，载荷变化，功图变化，结合站点生产运行，安排井筒管理相应措施。

二是根据采油工艺管理制度，每月进行上下旬井筒动态分析，上旬动态分析于当月15日前完成，下旬动态分析于当月28日前完成，制定有效措施，并跟踪措施效果。

⑥井下作业管理标准。

一是根据井下作业运行管理规定、油水井措施项目管理办法，每天监控油水井小修、措施作业进度和现场作业情况。

二是每月按时召开监督例会，通报井下作业现场问题，分享管理经验。

三是根据井下作业队伍管理规定，每月月底对月度维护性作业进行结算。

四是每天通过数字化管理平台小修模块完成当日维护性作业的数据及作业进度情况录入工作，及时完善岗位资料台账。

⑦注水管理标准。

一是每天跟踪供水站、注水站运行情况，及时根据水源井动态、注水压力变化进行供水站、注水站水量储存、泵出的调整工作。对存在问题的水源井、供注水设备及时进行维护，确保供注水正常。

二是制定合理的注水井季度洗井验封计划，并监督应急班执行。对动态监测测试、分注井调配、井下作业过程中存在问题的水井井筒，及时采取相应的处理措施。

三是及时对因管压上升、系统压力波动影响欠注井、无效注水或者注水单向驱替等情况制定增注、管网改造、分注、隔注、堵水等措施。

⑧积极配合采油工艺研究所应用推广新工艺、新技术、新材料，并对其进行评价分析，总结效果经验。

4. 数字化岗

（1）岗位职责。

①编制数字化优化改造方案，管理作业区数字化设施设备。

②负责数字化软、硬件故障维修，定期开展数字化设备的操作培训。

③开展数字化设备定期检查工作。

（2）工作流程。

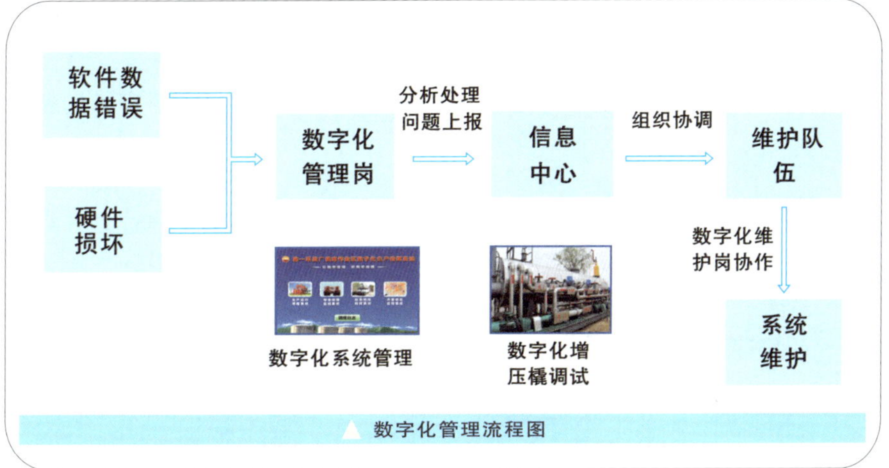

▲ 数字化管理流程图

（3）工作标准。

①编制作业区数字化优化改造方案，监督施工过程，验收施工质量。

②管理全区数字化设施设备，监控网络运行状况，排查运行故障，及时协调专业化队伍进行维护。

③贯彻厂级数字化推进政策，积极组织建设数字化井场站点，协助专业队伍开展数字化新工艺、新设备的调试工作，并高效推广应用。

④掌握新知识及理论体系，定期对操作员工进行数字化培训，并考核员工掌握程度，引导员工提高数字化应用水平。

⑤完善数字化基础资料，维护平台数据，确保信息准确；管理分配平台使用权限。

（三）综合管理室

综合管理室职能：负责作业区党群管理、人事劳资、财务管理、员工培训、企业管理等综合性管理工作。开展作业区党风廉政、企业文化、信访维稳及综合治理，进行全区绩效考核、薪酬发放及财务信息管理工作，并负责基层建设和员工培训工作。

1. 主任（副主任）岗

（1）岗位职责。

①负责协助主管领导做好各项工作，并及时完成上级部门安排的各项任务。

②制订作业区党群、人事、计划、财务、企管及培训工作计划并组织实施。

③组织开展作业区党群、人事、计划、财务、企管及培训工作。

④负责作业区会议准备、新闻宣传、活动组织、接待、低值易耗品及办公用品、公文和印章管理。

⑤协调作业区各路工作，督办重点工作。

⑥负责作业区党风廉政、思想政治教育、企业文化、信访维稳、保密及综合治理。

（2）工作流程。

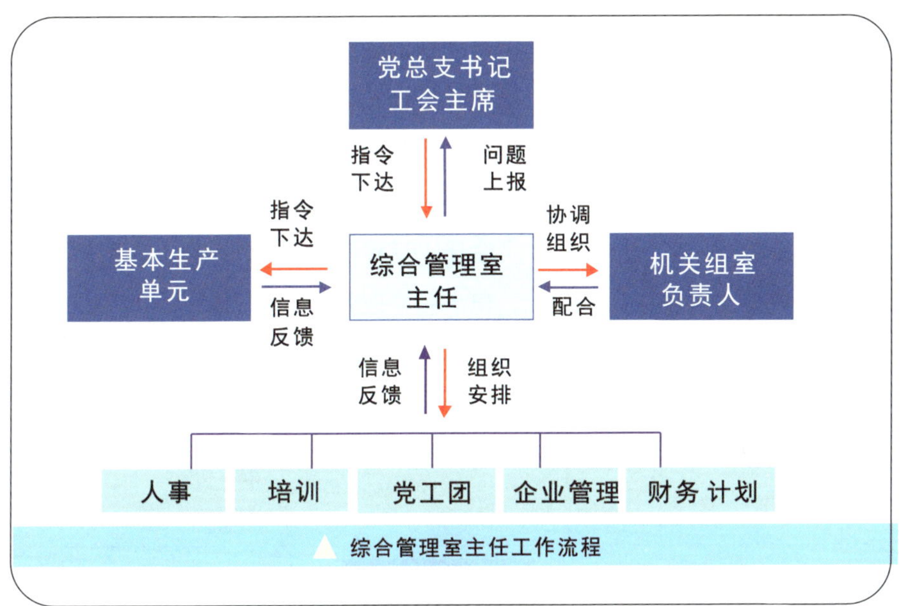

综合管理室主任工作流程

（3）工作标准。

①每月按时组织综合办公室进行岗位培训，并进行监督。

②每月对财务预算和薪酬发放进行监督。

③每月对全区培训计划完成情况进行检查。

④每月进行基层建设与标准化工作检查考核。

⑤每月对作业区队伍稳定、综合治理、党风廉政建设进行调研，并针对存在问题及时解决。

2. 党群管理岗

（1）岗位职责。

①负责制定总支工作的年度工作规划，并组织实施。

②负责文件、信函、报刊、电报及报告、材料的收发转递工作。

③负责日常文书处理和外调接待，以及各种统计报表工作。

④负责宣传报道工作，承担对内对外稿件的审核、报送工作。

⑤负责党员关系接转，新党员注册，呈报工作。

⑥负责总支各种会议的通知、记录和整理归档工作。

⑦负责工会会员关系接转，新会员注册，呈报工作。

⑧负责作业区团费的收缴和团组织关系的迁转工作。

⑨负责作业区办公用品和低值易耗品的管理工作。

（2）工作流程。

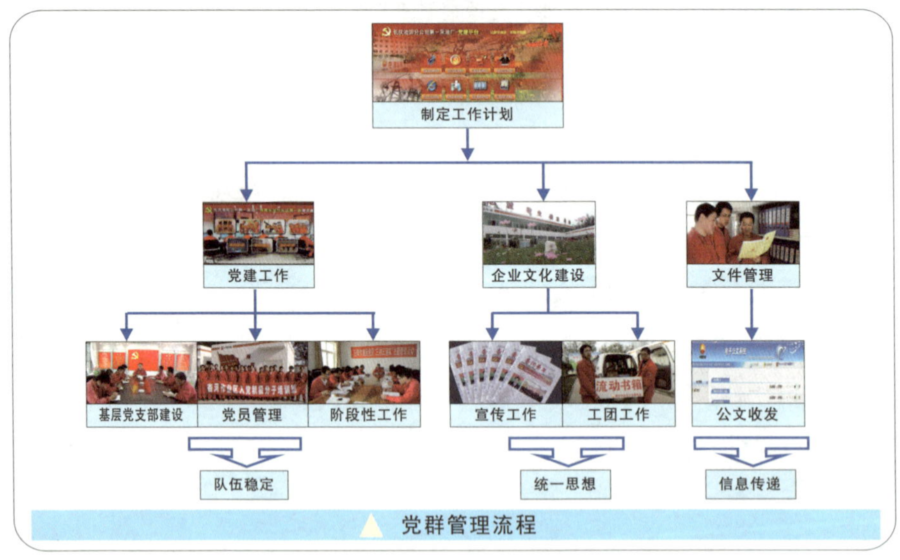

党群管理流程

（3）工作标准。

①按照党组织建设工作制度开展各项党群管理工作。

②年初起草制定基层党群（工会、共青团）工作的有关制度、文件、工作计划，组织实施党群工作年度考核工作。

③做好企业文化建设，在办公区、生活区等主要场所按标准规范使用“中国石油”标识，站容站貌干净整洁，工作生活环境文化气息浓厚，展现本单位良好风貌。

④按期更换宣传橱窗和编印文化小报，厂情区事传递及时，每月通过《员工手册》、宣传橱窗、文化小报等形式对公司文化理念进行学习、宣传和全面灌输，员工的认知度达到95%以上。

⑤制定员工文化活动室活动计划，定期组织开展灵活多样的节日文化活动。

⑥按年度计划完成油田内外媒体上的宣传任务。

⑦每年坚持开展员工思想动态调研，及时了解员工队伍思想动态，做好维护稳定和上下联络，做好对内对外接待、联络和处理来信来访。定期撰写思想政治工作论文。

⑧做好公文处理、立卷归档、机要保密工作，办理文函的收发、登记、传达、催办及重要文件归档保管。

3. 人事岗

（1）岗位职责。

①负责作业区劳动力平衡、调配、劳动统计、劳动工资管理的各类资料收集、整理及保管工作。

②开展作业区绩效考核、薪酬、津补贴、社会保险及住房公积金管理工作。负责作业区免费就餐、外雇劳务费用申请工作。

③开展作业区员工劳动纪律及请销假管理工作。

④开展劳务类业务承包考核工作。

⑤开展作业区员工劳动合同、安全生产合同管理工作。

⑥编报人事统计报表。

⑦负责本岗位业务范围内HSE管理工作。

(2)工作流程。

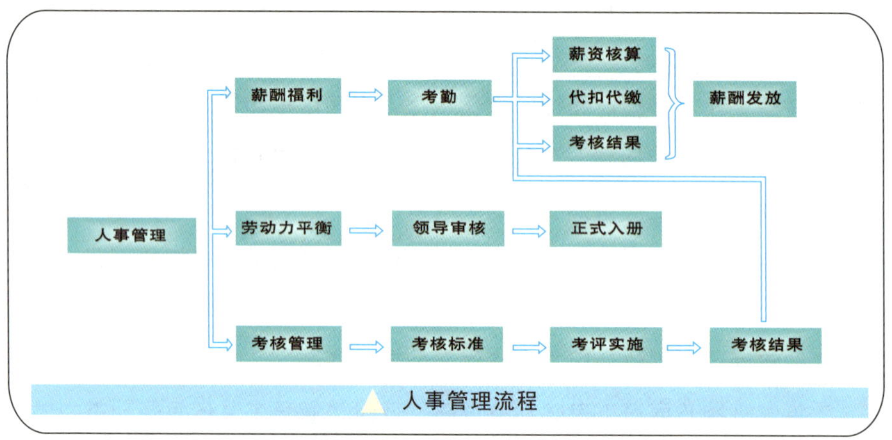

人事管理流程

(3)工作标准。

①严格执行有关规定，做好社会化用工管理。办理员工调动、调整、安置手续。

②熟悉员工工作情况，按工资政策，及时准备报批晋升员工工作。每月对各管理单元工作核算原始资料进行审核，包括出勤天数和加班天数，人员数量是否正确，领导签字是否合理，员工工伤、丧假、婚假、事假是否按规定标注准确。

③按时完成月、季、年度劳动工资统计汇总报表，将工作表交经理审批，将审核无误的工作原始资料输入工资系统。将经理审批签发的工作表送交财务部门并上报银行，以确保工资的及时发放。

④每年年底组织开展管理人员、专业技术人员和操作人员考核年评工作。

4. 财务管理岗

（1）岗位职责。

①编制、上报作业区财务预算，分解下达作业区财务实施预算。

②开展作业区会计核算、资金管理、资产管理及财务信息管理工作。

③编制作业区生产成本计划，并监督、分析运行情况。

④负责作业区报销业务，发放员工薪酬及津补贴。

⑤督促作业区各组室标准成本数据录入。

⑥负责定期对各应急班和站点的财务管理情况进行检查、监督，考核和评价各应急班和站点的财务管理工作及相关业绩指标的完成情况。

（2）工作流程。

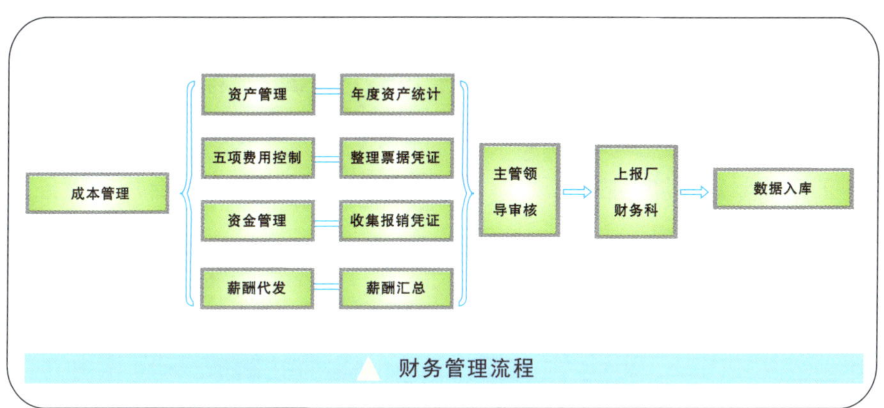

财务管理流程

（3）工作标准。

①年初编制成本预算：编制明细合理，维护完整、分析准确，执行情况上报及时。

②成本费用列支渠道规范、准确。成本分析由文字报告和附表组成，文字报告要以附表数据为依据，内容丰富、翔实，分析后要提出具体对策或措施，具有可操作性。

③按照财务支出授权审批规定，执行现金收付业务处理标准，对各部门填报的支款凭证、总账汇集填制的收款凭证，复核收付款申请单的批准范围、权限、程序是否正确；手续及相关单证是否齐全；数量、单价等内容填写是否真实、金额计算是否准确。

④支付暂借款的管理标准：出纳人员根据经相关人员审核批准后的借款单子以支付备用金。出纳要定期清理借款。审查借款人有未按用途使用借款，对挪用者及时上报相关责任人，视情节轻重追究责任。

⑤按照薪酬管理规定做好工资、奖金的核算和管理、检查监督等工作。根据日常资金需要提取现金，库存现在不得超过规定限额，超过部分及时存入银行。

⑥票据、印章的使用及保管：妥善保管支票、内部结算发票、收据，防止空白票据的遗失和盗用。妥善保管内部专用章、财务部门章、现金收付讫章。严格按照有关规定填写发票、使用印章。

⑦按照固定资产调拨、报废、变更及转资暂行规定，配合厂级财务部门做好固定资产管理。

5. 员工培训岗

（1）岗位职责。

①编制作业区员工培训计划。

②组织作业区各类专项培训、新员工岗前培训。

③检查、考核各站控中心、应急班员工培训开展情况。

④参与组织作业区技能竞赛、厂级职业技能竞赛集训、参赛工作。

⑤申报、组织员工职业资格等级鉴定、操作证取（复）证工作。

⑥负责作业区兼职教师及课时补助管理。

⑦办理作业区员工外出培训手续。

（2）工作流程。

①员工培训流程。

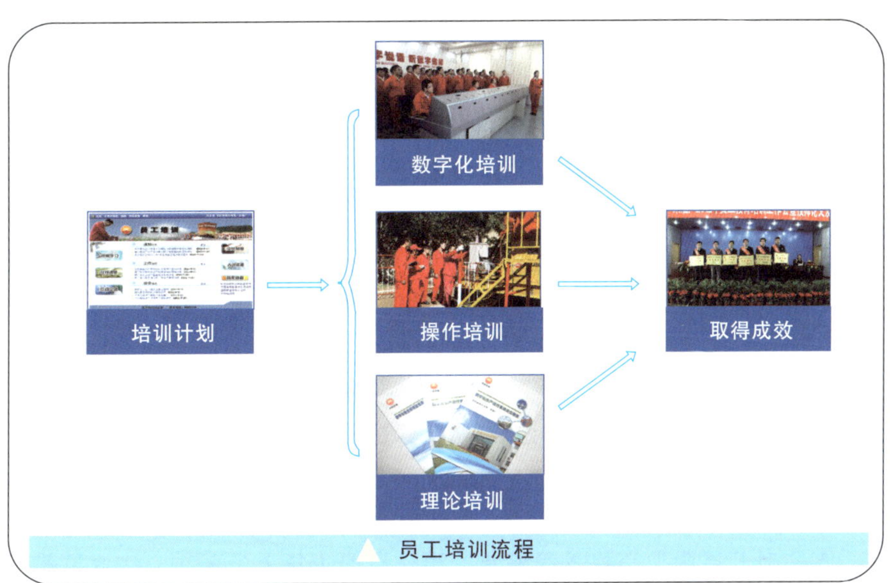

员工培训流程

②员工数字化培训管理流程。

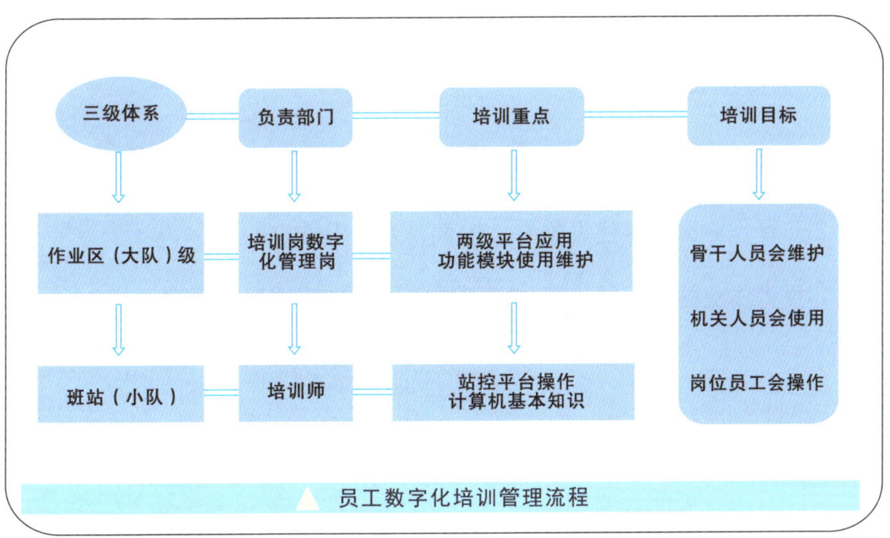

员工数字化培训管理流程

（3）工作标准。

①制定本单位各工种培训大纲及月度培训计划，计划安排科学合理。建立建全员工教育培训管理网络，每季度至少召开1次员工教育培训工作会议，并有会议记录，有相对固定的培训场所和教具。

②建立健全各项资料台账，根据岗位人员变动及时更新、整理员工培训档案的信息维护，保障新员工、转岗员工、复岗员工培训率达到100%。

③每年组织开展作业区员工技能大赛，选派优胜员工参加厂级职业技能竞赛集训。

④按照技能型人才管理办法要求，做好技能型人才选聘工作。

⑤按照新入厂员工教育培训管理规定，组织开展新员工培训工作。

⑥按时开展职业资格等级鉴定、操作证取（复）证工作、作业区兼职教师及课时补助发放及作业区员工外出培训手续办理工作。

6. 企业管理岗

（1）岗位职责。

①组织开展作业区标准化建设工作。

②开展作业区基层建设督导、检查、考核工作。

③负责作业区企业管理工作，组织开展基础管理专项活动。

（2）工作流程。

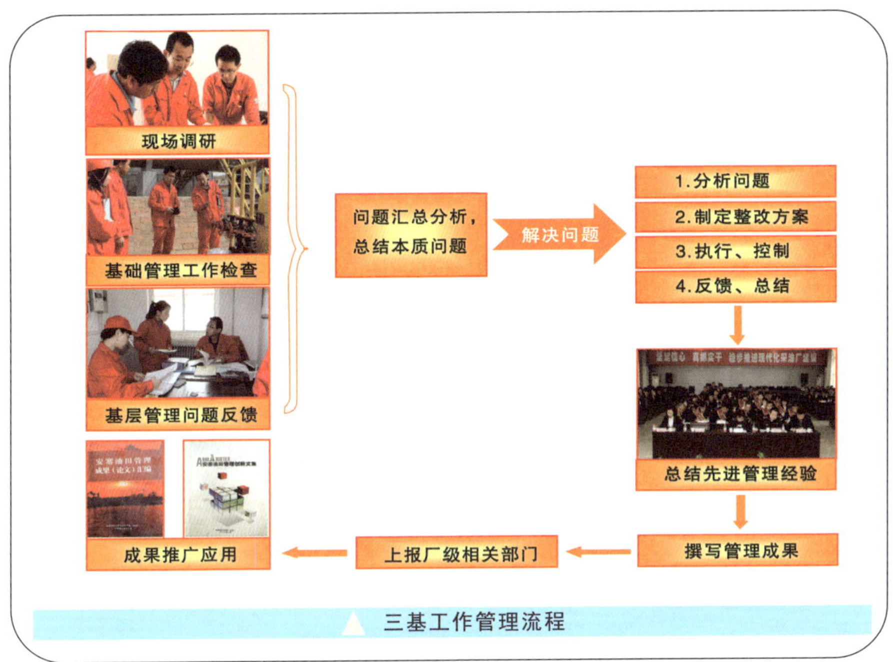

三基工作管理流程

（3）工作标准。

①按照三基工作考核办法，组织开展基层建设月度考核排名工作，汇总基层管理考核存在问题，及时反馈给相关组室和基本生产单元，并在考核后5日内抽查整改情况。

②开展作业区标准化管理和站点标准化建设工作，编制年度示范井站实施计划，组织现场验收工作。

③按照成果评审管理规定，组织开展基层自主管理创新和企业管理成果总结推广工作，总结优秀的管理方法或经验，推广实施并对外推报。

④依据五型班组实施办法，组织开展五型班组创建达标工作。

7. 计划管理岗

（1）岗位职责。

①负责作业区计划统计管理工作，编制、上报作业区生产建设计划。

②编制下达作业区各生产单元生产任务。

③编制上报作业区油维工程项目计划，并组织实施。

④负责作业区油维合同、原油盘库、原油计量管理工作。

⑤负责作业区油维工程施工过程中的安全环保管理工作。

（2）工作流程。

①总体工作。

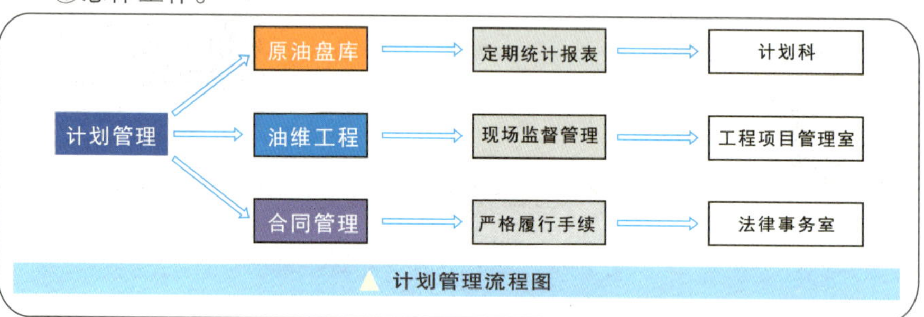

计划管理流程图

②合同申报。

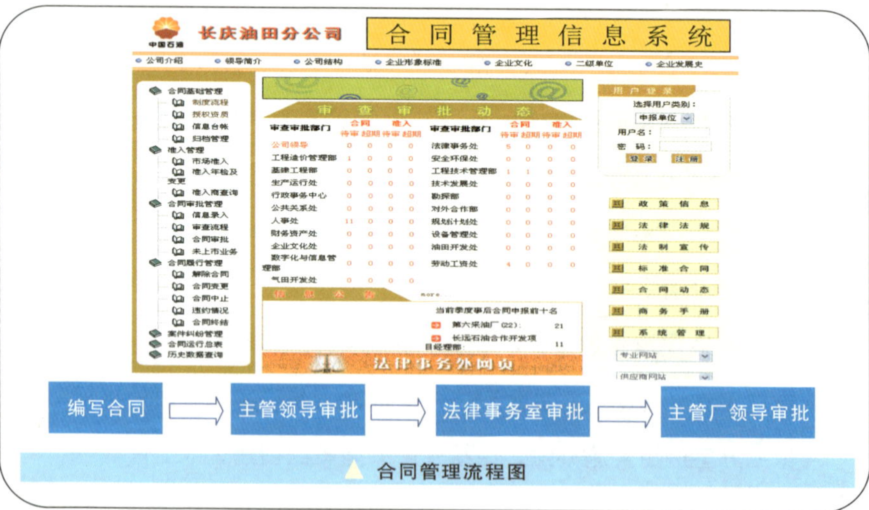

合同管理流程图

（3）工作标准。

①按时上报盘库数据、每天的生产数据。

②按时做好每旬、每月的原油盘库工作，核准本单位原油产量，监督和检查并负责统计上报本单位生产建设计划执行情况。

③按规定时间上报统计报表，保证统计项目齐全，数据准确，且统计报表符合相关要求。

④根据统计报表的指标内容和原始记录，确保数据真实，专人管理。

⑤将各类统计资料，必须按不同业务性质分月、季、年装订成册，妥善保存。

⑥上报资料经主管领导审核无误后由负责人签章，填写上报日期并加盖单位公章，正式上报。

⑦严格保密计划管理系统登陆账户及密码。

⑧积极开展调查研究，围绕企业生产、经营管理开展专题分析和综合分析。

三、作业区基层队站

（一）生产保障队

生产保障队职能：负责作业区数字化维护、修井监督、仪表校验、油水井化验、油井测试、材料供应、后勤服务等生产及后勤保障等工作。

1. 队长(副队长)岗

（1）岗位职责。

①负责完成作业区下达的各项任务指标。

②负责作业区修井监督、低压试井、化验、材料、仪表校验、后勤服务等管理工作。

③负责生产保障队队伍建设、员工管理及考核工作。

④负责本单位业务范围内HSE管理工作。

（2）工作流程。

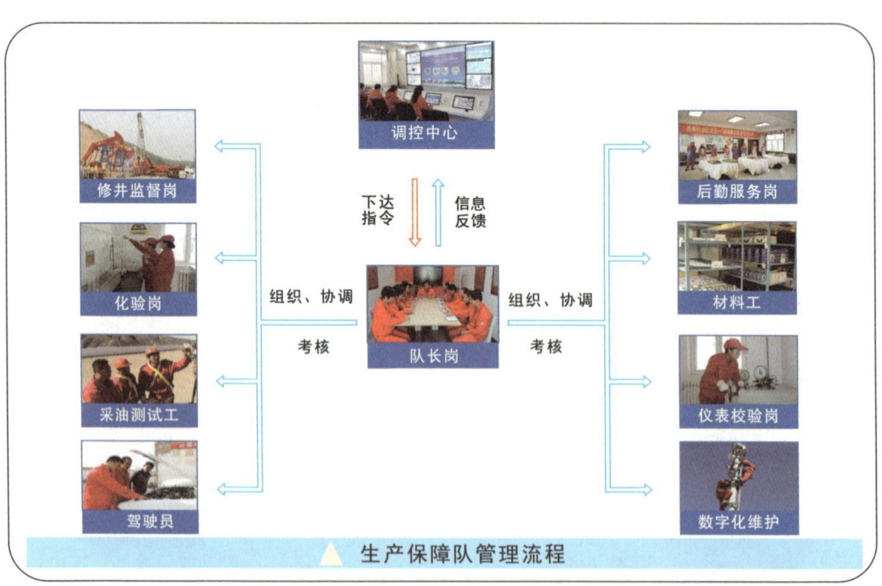

▲ 生产保障队管理流程

（3）工作标准。

①每天8：00召开碰头会，按照调控中心下达的工作指令，做好风险提示，并于当天17：00前收集工作完成情况上报到调控中心。

②指导、监督各岗位员工日常工作，定期召开旬度例会，总结上期工作，部署下阶段重点工作。

③积极组织员工开展调控中心安排的区域性应急工作。

④每月5日前按照本作业区个人业绩考核标准，对岗位员工上月工作进行考评；每月7日前将考评结果上报至作业区人事劳资岗。

2. 党支部书记岗

（1）岗位职责。

①负责制定党支部的工作计划，安排党支部的工作，主持召开党支部会议，参与讨论和决定站内的重大问题。

②负责贯彻执行党的路线、方针、政策和党总支的决议、指示及党支部党员大会、党支部委员会的决议、决定，检查各位党员的工作计划执行情况，向党总支报告工作。

③负责抓好党支部自身的思想建设，组织建设和作风建设。

④定期组织召开本班的民主生活会，加强对党员工作的指导，了解党支部建设情况，检查督促党员干部的工作。

⑤了解掌握党员的思想、工作、学习情况及干部职工的思想状况，发现问题及时解决，做好经常性的思想政治工作。

⑥负责本队工会、共青团工作。

⑦协助队长做好其他工作。

(2)工作流程。

①党支部管理：落实上级政策，时刻关注员工思想状况，确保员工队伍建设稳定和谐。

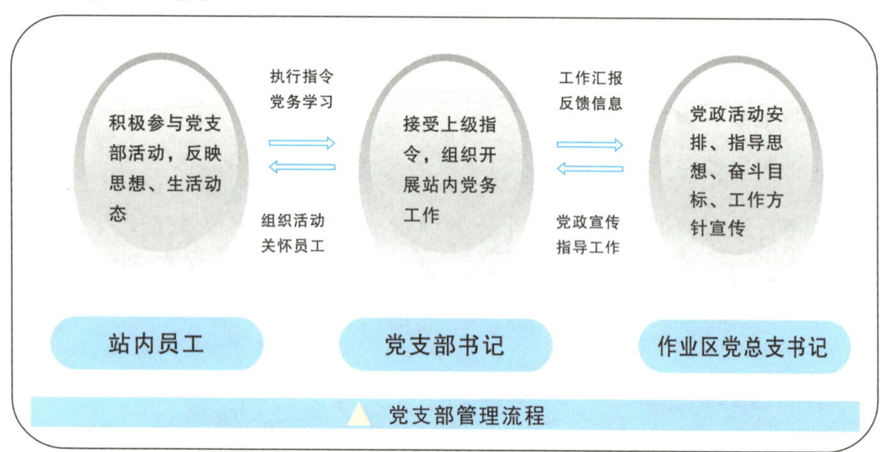

党支部管理流程

②党支部工作：应用数字化党支部党建平台8个模块，开展9路工作，完成基层班子和队伍建设。

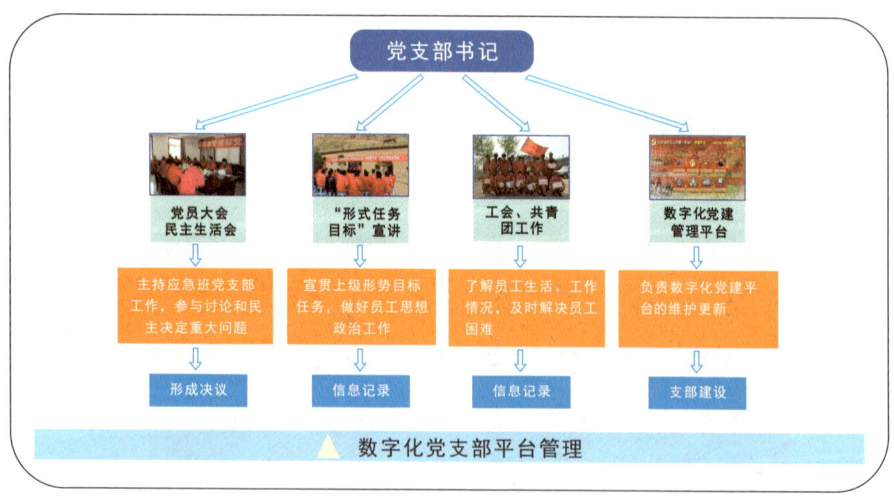

数字化党支部平台管理

(3)工作标准。

①认真贯彻执行党的路线、方针和政策，定期向上级党组织汇报工

作，接受上级组织和党员的评议和监督。

②每月召开党小组会议1次，每季度召开支部党员大会，半年开展一次党员谈话工作，每年上党课2~4次，并做好活动记录。

③对党员进行年度考核，开展民主评议党员。

④做好员工的思想政治稳定工作，了解和掌握员工的思想、工作和生活情况，及时解决造成员工思想不稳定的因素，充分调动员工的积极性和创造性。

3. 数字化维护岗

（1）岗位职责。

①负责数字化系统设施检查、维护及更新资料台账。

②负责施工作业现场组织协调、过程跟踪、质量验收及回收、上交更换设备工作。

③开展作业区操作员工数字化培训工作。

④负责本岗位业务范围内HSE管理工作。

（2）工作流程。

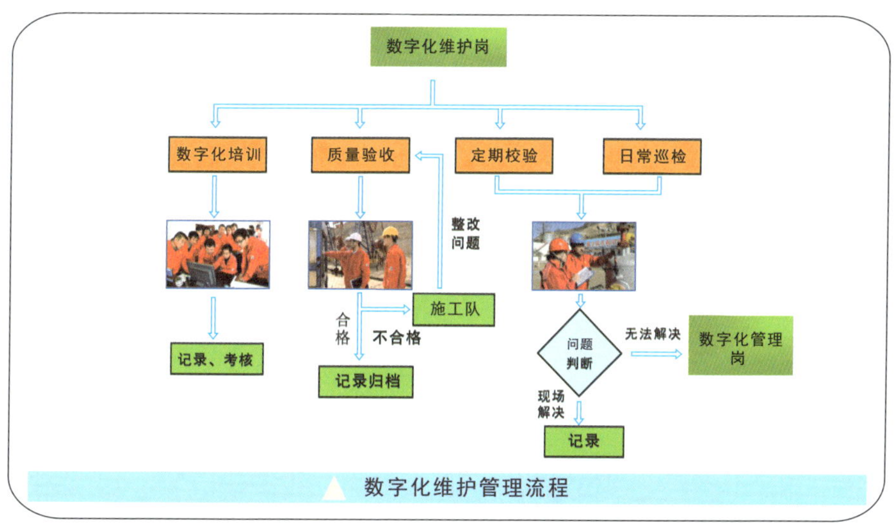

数字化维护管理流程

（3）工作标准。

①每月对UPS（即不间断电源）、网络机柜、视频监控设备及其供电、网络数据线路情况进行检查整改，并对接地线路进行检查。

②认真落实开展数字化井场、站点等设备管理、维护和定期校验工作，并及时做好维护记录。发现问题立刻上报，简单故障及时排除。

③接收到故障报告时，应及时到达现场，认真分析并查找原因，进行检测和诊断调试。当故障不能自行解决时，及时上报作业区数字化管理岗。

④每月对站控中心操作人员进行数字化现场操作培训。

4. 修井监督岗

（1）岗位职责。

①负责井下作业开工验收、现场交接、施工过程监督，纠正施工过程中违章作业。

②核实修井及返修井原因，并及时上报生产技术室。

③填写施工现场相关监督资料，统计核对相关数据，并上报生产技术室。

（2）工作流程。

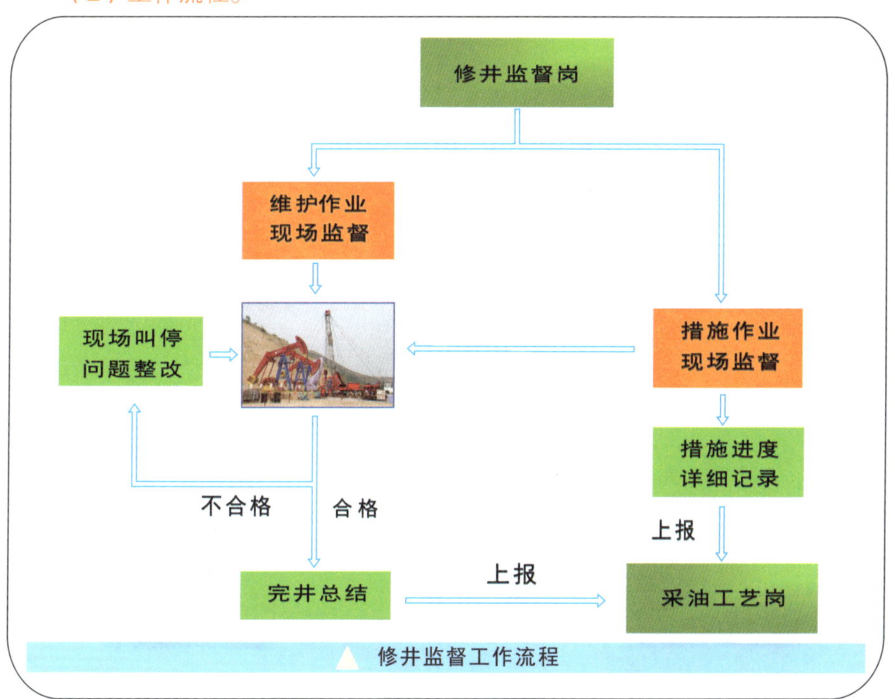

修井监督工作流程

（3）工作标准。

①按照相关制度规定，落实井下作业开工验收、现场交接、施工质量和安全环保监督工作，纠正作业现场违章现象。

②熟悉地质设计和施工方案设计的内容，按照相关制度实施监督，并根据现场情况及时提出有效整改建议。

③履行监督职责，按施工方案内容对施工所用的工具、材料、入井液检验把关。

④现场核实返修井原因，并及时上报生产技术室。

⑤填写施工现场“一卡一表”，统计核对相关管串数据，做好记录上报生产技术室采油工艺岗。

5. 化验岗

（1）岗位职责。

①负责全区油井含水、含盐及注水井水质化验及系统数据录入工作。

②负责样桶、化验仪器、仪表、用品、量具、药品管理工作。

（2）工作流程。

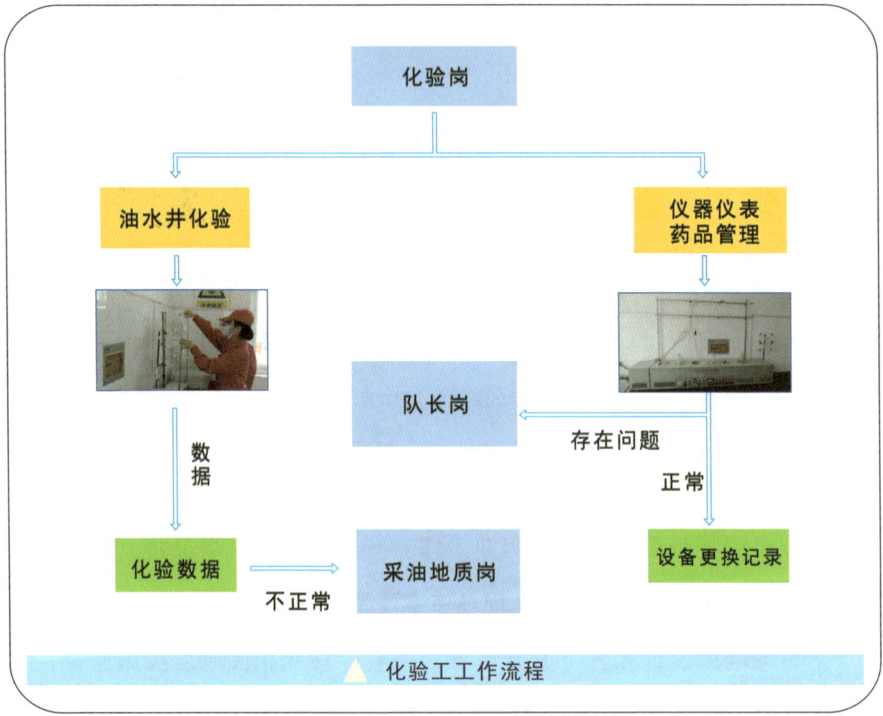

化验工工作流程

（3）工作标准。

①熟悉油水井化验操作规程及注意事项，并在工作中认真落实。

②根据标准作业程序进行化验操作，将化验数据上报生产技术室，并录入到数字化生产指挥系统平台。核对全区每天取样符合率，因特殊情况没有按时送样，及时与应急班沟通，并上报生产技术室。

③严格要求应急班取样体积达标和保证样条清晰，不符合的必须要求重新取样。当油水井含水变化超过规定范围及注水水质异常时，必须连续取样，对油样分组进行化验分析，并上报生产技术室地质岗，突变井要及时向领导汇报。

④按时分析分析油水样，做好原始记录，妥善保管，并及时上报分析结果。

⑤按规定管理样桶、化验仪器、仪表、用品、量具、药品。做到清洁、完好，摆放整齐。按照危险化学品工作标准对易燃易爆和危险品妥善保管和使用。认真做好样桶发放和回收工作，并做好记录。

⑥负责本岗位消防设备的管理，定期检查维护。

6. 修井监督岗

（1）岗位职责。

①负责井下作业开工验收、现场交接、施工过程监督，纠正施工过程中违章作业。

②核实修井及返修井原因，并及时上报生产技术室。

③填写施工现场相关监督资料，统计核对相关数据，并上报生产技术室。

(2)工作流程。

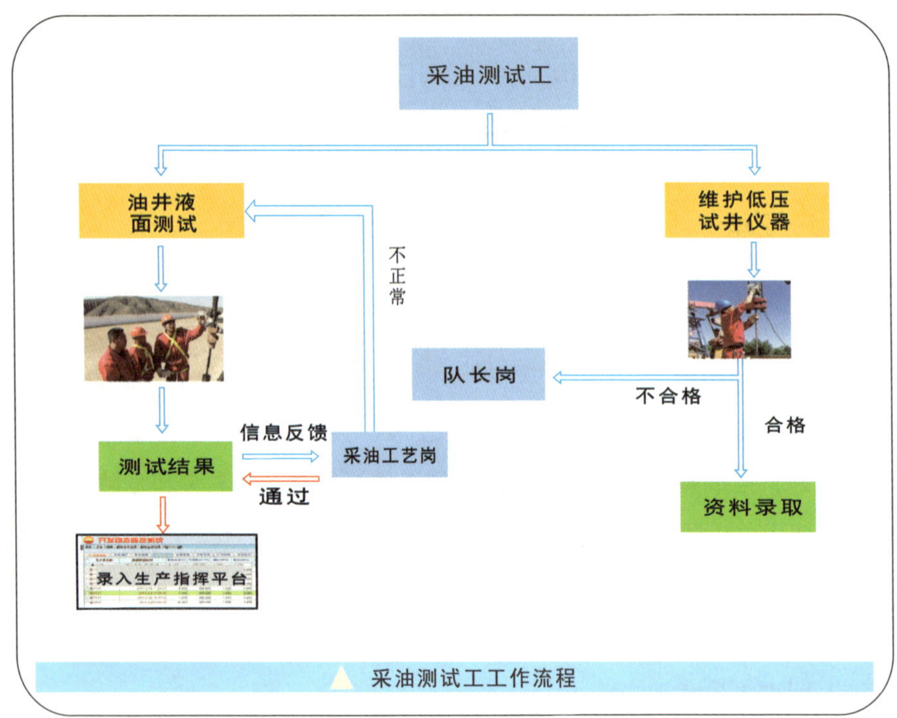

采油测试工工作流程

(3)工作标准。

①掌握油井低压试井操作规程、低压试井仪器技术性能及使用过程中应注意的安全常识。

②按资料录取制度录取油井低压试井资料，按时完成测试任务，并对资料进行分析、计算和整理，发现不正常井及时向生产技术室反映。

③及时维护低压试井仪器，保持低压试井仪器的性能良好和电力充足、清洁无油污，定期对氮气瓶进行充气。

④按照生产技术室要求，及时对问题井、措施井、参数调整井进行试井资料录取。

7. 仪表校验工

（1）岗位职责。

①负责全区压力表校验工作。

②负责回收废旧压力表工作。

③负责校验仪器基准表送至国家正规校验单位进行校验。

④负责校验仪器清洁及保养工作。

（2）工作流程。

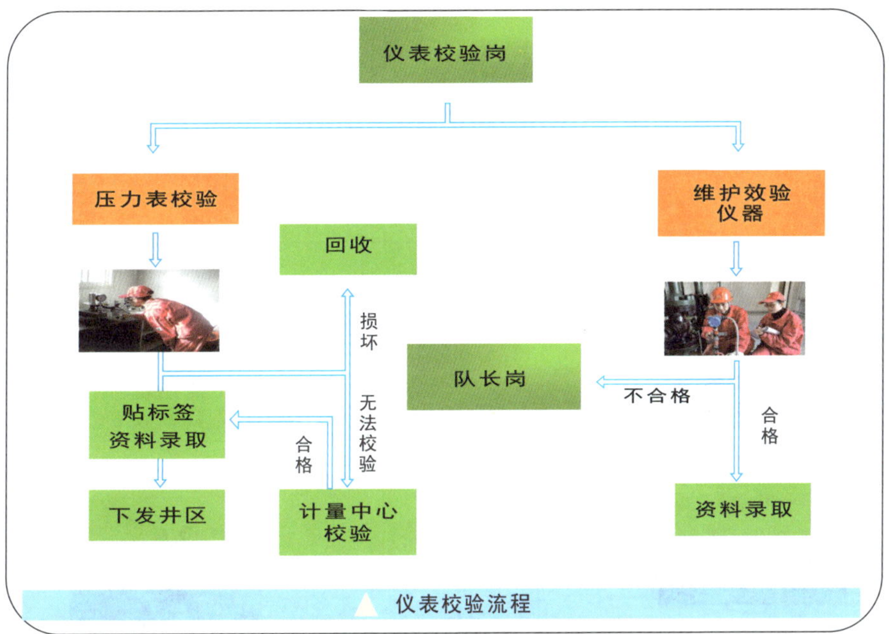

仪表校验流程

（3）工作标准。

①校验工持证上岗，压力表指定地点存放。负责压力表校验装置的正常工作和维护，定期将基准表送到专业鉴定部门进行校准。

②校验工要严格执行压力表管理规定，做好登记与校定记录，领取人必须签字验收，否则不予发放。

③对要求校验的压力表进行编号，损坏的压力表应及时回收，对补充的

压力表进行编号，以便于查询。

④压力表校验周期为6个月，各基层单位在压力表到期前1个月分批次将压力表卸下交回校验室，双方交接清楚并登记，校验员在5天内校完返回站控中心并作好交接记录，由接收人验收并签字登记。

8. 材料工

（1）岗位职责。

①编制、汇总、上报作业区物资需求计划。

②验收、保管及发放物资。

③负责作业区库房安全管理工作。

④开展作业区废旧物资回收及修旧利废工作。

⑤负责材料统计、结算及成本分析工作。

（2）工作流程。

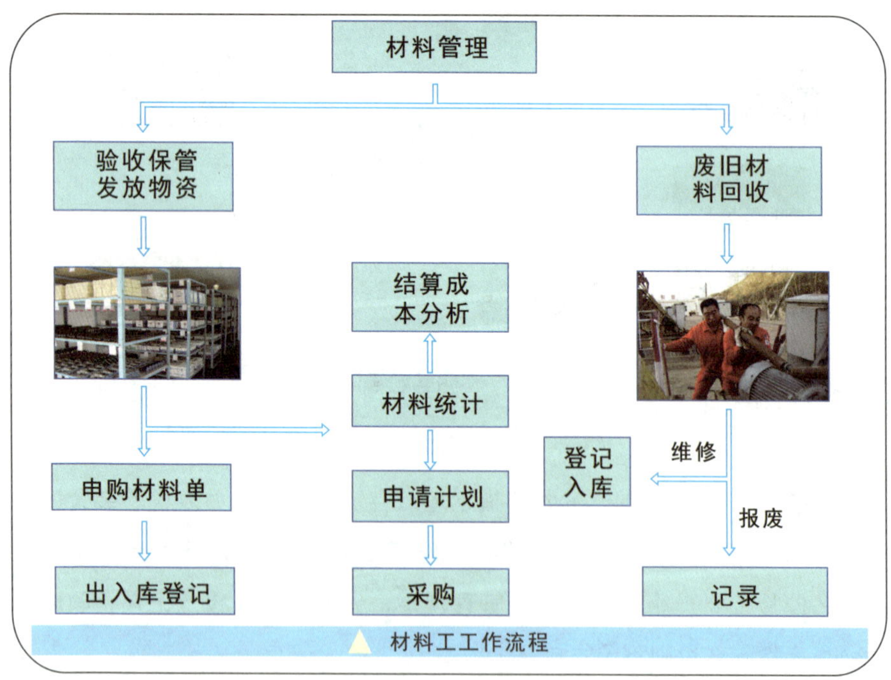

材料工工作流程

（3）工作标准。

①执行有关器材物资方面的法规、方针、政策，遵纪守法，熟悉各种材料性能，及时准确保质保量地完成任务。

②积极与物资采办部门联系各种业务，及时组织生产材料，保障生产正常运行。

③发现材料质量问题，及时与物资采办部门取得联系，按相关规定处理问题。负责油料的充值工作，按时发放给驾驶员。

④定期拉运物资材料，做好产品、配件的验收入库工作；定期完成费用结算工作，做好费用结算记录台账。

9. 后勤服务岗

（1）岗位职责。

①负责制定物资申购计划，做好生活、生产、应急物资的管理工作。

②负责作业区生活基地水、电、气、管线、生活设备设施检修保养与更换工作。

③负责作业区生活基地的环卫与绿化工作、取暖与洗澡工作、污水的排放工作。

④负责作业区生活基地服务员、司炉工的培训工作。

⑤负责食堂仓库内主、副食原料，半成品及其他物资的验收、入出库的保管、登记工作。

⑥负责库内安全管理工作。

（2）工作流程。

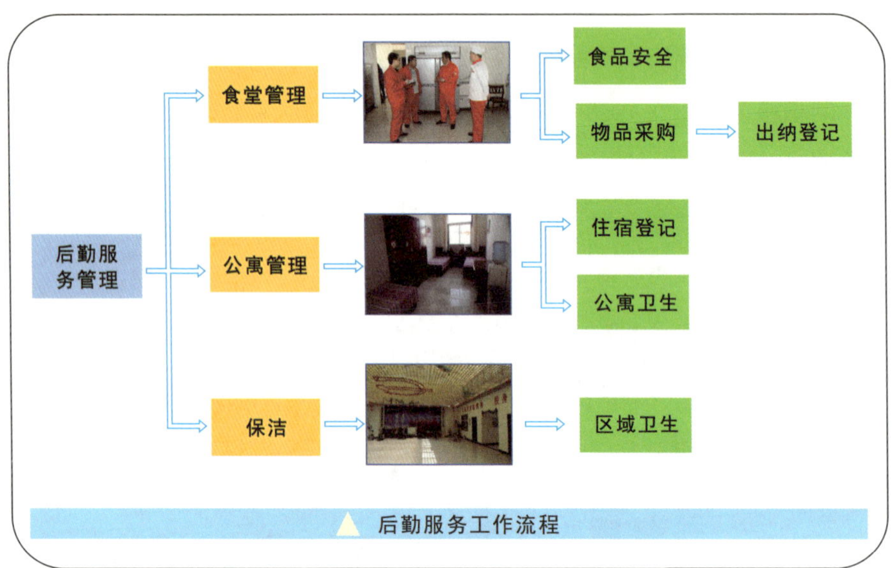

▲ 后勤服务工作流程

（3）工作标准。

①每天早上5：30～7：30，晚上22：00～23：00，开展作业区卫生清洁工作。

②食堂操作人员必须做好日常个人卫生，进厨房先消毒，工作服齐全。禁止在操作间内吸烟。

③库房内按原料、半成品分类存放，食品和非食品不混放。

④负责食堂的现金收付。收付现金必须有经办人、验收人及领导签字的发票方能收付。做到收支有据，手续齐全，符合财务工作规范。

⑤每季度对作业区所有生活设备、设施进行保养和检修，及时向上级汇报存在问题并做好登记。

10. 驾驶员

（1）岗位职责。

①负责出车管理，要求车辆出车前、途中、回场进行检查。

②管理、维护车辆所配附件。

③负责车辆定期维护保养的质量跟踪。

（2）工作流程。

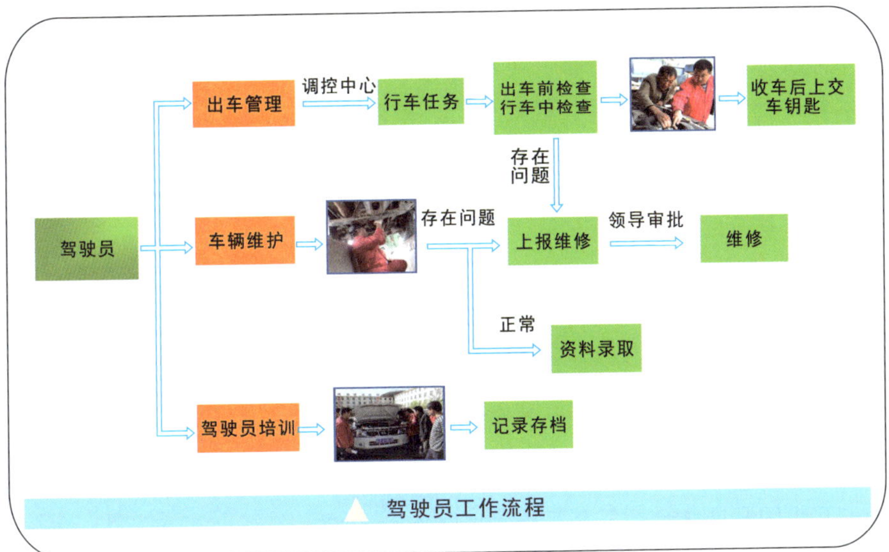

驾驶员工作流程

（3）工作标准。

①车辆必须备制安全带、灭火器、急救箱、防滑链、掩木等安全附件。遵守厂级交通规定，进行行车前、途中、回场的安全检查，确保车况完好和行车安全，并填写检查记录。

②每天8：00前，按照调控中心指令，准备出车，并在行车前确认“行车任务单”方可出车。

③特殊天气或夜晚接到出车指令，要做好相关出车记录，并随时保持与调控中心的信息联系。

④每月组织驾驶员对车辆进行检验，并做好车辆检验记录。出现问题及时上报，办理车辆维修手续，经领导审批后，进行维修。

⑤严格执行交通安全管理规定，严禁酒驾、换驾、疲劳驾驶，按规定车速行驶。

（二）联合站

联合站职能：负责所辖计量接转站（中心站）生产运行实时监控、油气水集中处理、原油外输、轻烃生产、站内安全管理、特殊作业监督等工作。

1. 联合站站长(副站长)岗

（1）岗位职责。

①负责站内各项管理工作，落实厂区各项工作标准。

②负责联合站的日常生产组织工作，执行调控中心指令。

③执行HSE工作标准和标准作业程序，应急预案演练。

④负责站点员工的日常管理、考核和培训。

⑤组织开展联合站三基工作。

（2）工作流程。

①生产管理：接收上级指令和数字化平台信息，安排工作，反馈结果。

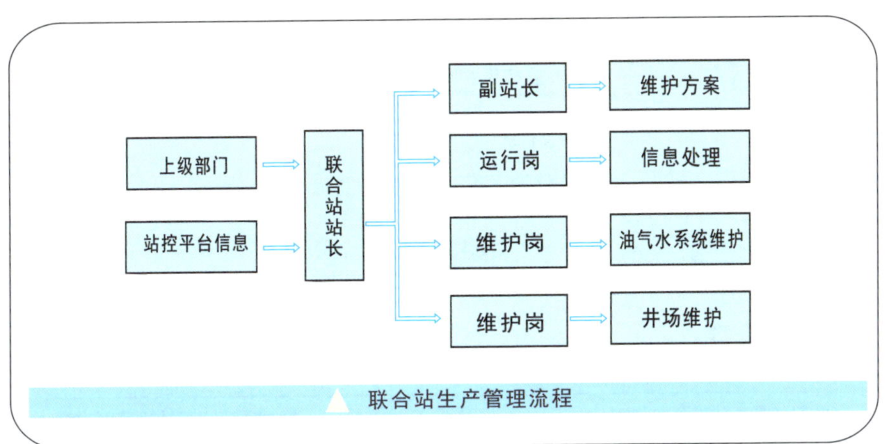

联合站生产管理流程

②员工管理。

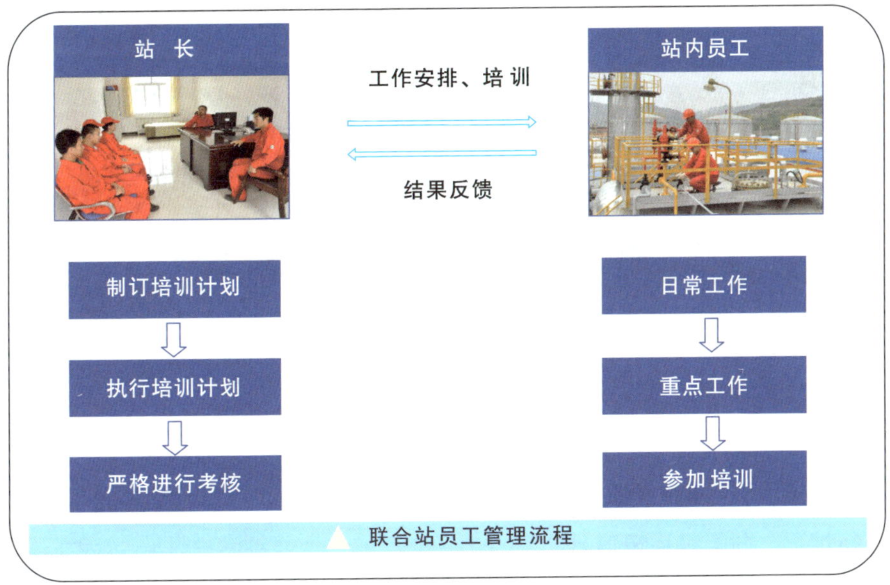

联合站员工管理流程

③技术管理。

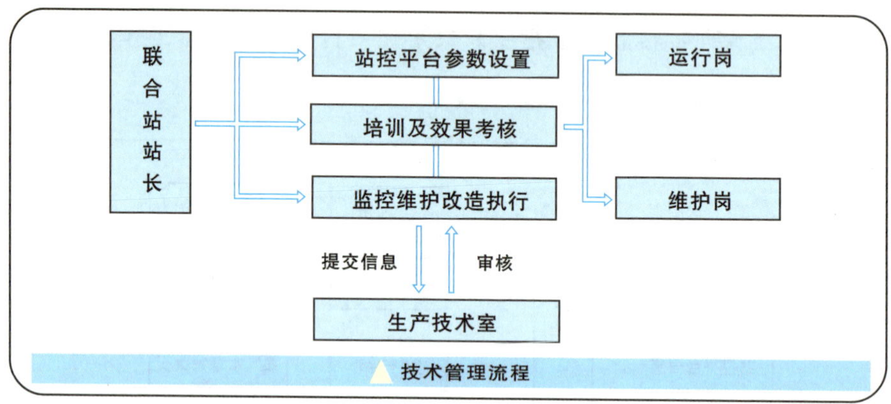

技术管理流程

④安全管理。

安全设备管理流程

（3）工作标准。

①每天8：00召开生产组织碰头会议，安排每天重点工作，并落实工作执行情况，向上级反馈信息。

②每天监控站内生产运行情况，出现突发情况及时向上级反映，并采

取有效的处置措施。

③根据特殊危险作业、特种设备相关的法规、标准、管理要求，组织协调站内特殊作业以及设备维护和修理。

④根据《重大危险源辨识标准》和重大危险源清单，定期组织开展联合站重大危险源的安全隐患排查、治理、监控及应急预案演练。

⑤根据上级部门设置的资料台账要求，每月对站内资料台账进行检查、审核，确保资料台账的完整性、准确性。

⑥根据员工培训工作计划，每月开展日常培训和临时培训工作，并对培训工作效果进行考核。

⑦根据联合站油气集输、注水动态，及时修订数字化平台的各项监控参数，确保站内监控系统合理运行。

⑧严格按照考核制度，对站内员工工作情况进行考核，从制度上促进员工工作积极性，严谨性。

2. 联合站运行岗

（1）岗位职责。

①监控联合站原油集输、油田注水、轻烃生产运行情况，处置预警信息。

②监控联合站上游各站温度、压力、排量、气压等运行参数。

③实时监控管辖进站井场及油水井运行情况。

④负责计量、注水、轻烃生产报表的完善检查。

（2）工作流程。

①信息管理：接收调控中心、站长指令，监控平台预警信息，并反馈结果。

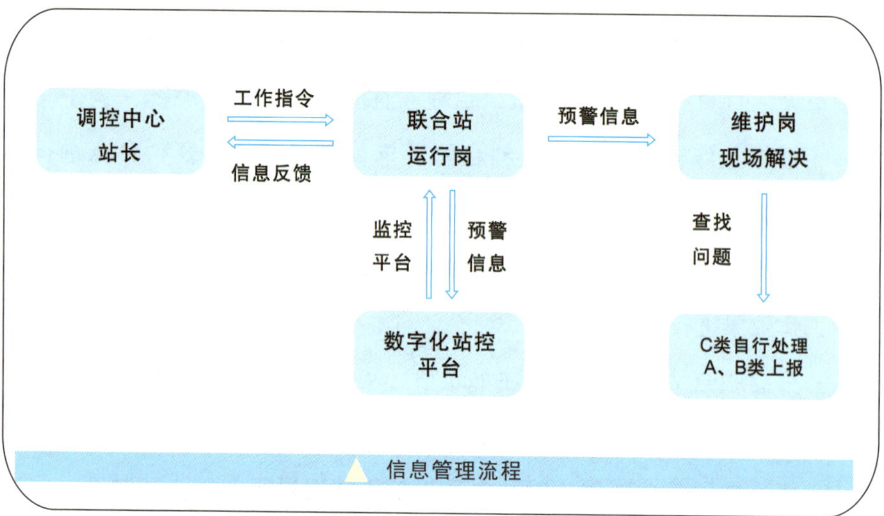

信息管理流程

②预警处理流程：对监控平台预警信息及时进行有效处理。

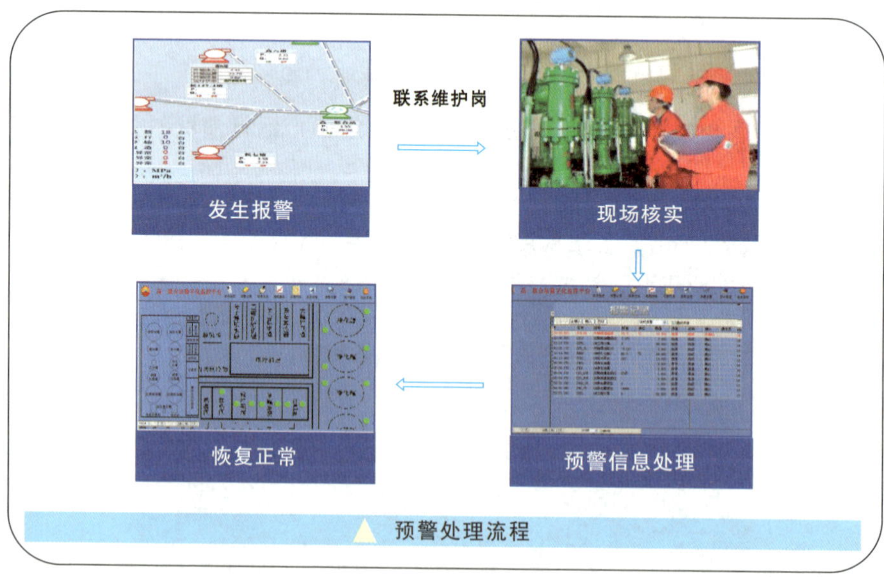

预警处理流程

（3）工作标准。

①报警信息处理：实时监控原油集输系统、采出水处理、注水系统、轻烃系统关键参数，及时处理报警信息，做好记录，并上报调控中心。

②视频监控标准：实时监控联合站重要区域及管辖井场，做好视频监控软件学习、报警、喊话等常用功能的检查工作，发现异常及时上报并采取相应处理措施。

一是实时监控联合站管辖井场及施工作业现场，对措施作业、动态监测测试、原油偷盗等情况进行录像取证。

二是对监控画面中异常情况进行抓图、录像、喊话等操作，异常信息上报站长。

三是对视频监控系统报警信息进行实时监控、处理；填写信息监控记录。

四是控制云台旋转后必须将镜头旋转到原来位置，定期控制雨刷清洁摄像机镜头。连拍、抓图、录像等数据至少保存一周，不得人为关闭视频监控系统，删除监控信息。

③油水井监控。

一是负责所辖单元内油井运行状态的巡检，根据调控中心指令对数字化抽油机进行远程调参工作；根据调控指令，确认无任何安全风险后，及时远程启停井；对于远程启停失效的要及时上报站长、调控中心。

二是监控油井压力、功图计量产液量、功图形状、油井载荷变化等油井动态，对于功图变化差异较大的、产液量波动大、载荷突变的油井，通知维护岗进行落实，并及时上报落实情况。

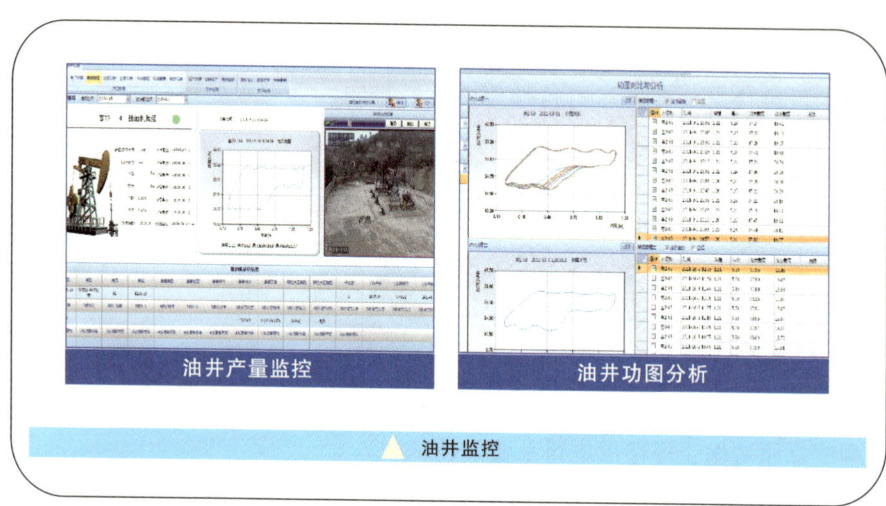

油井监控

三是每月按照配注计划表对水井日配注进行远程实时调配；实时监控注水数据界面参数，发现异常情况及时调整并上报站长。

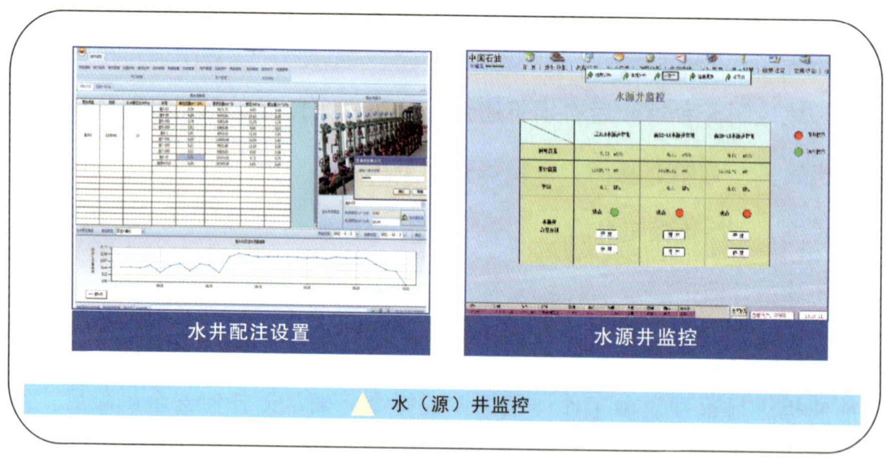

水（源）井监控

四是实时监控对管辖水源井参数；根据调控中心指令，负责对水源井进行远程启停控制。

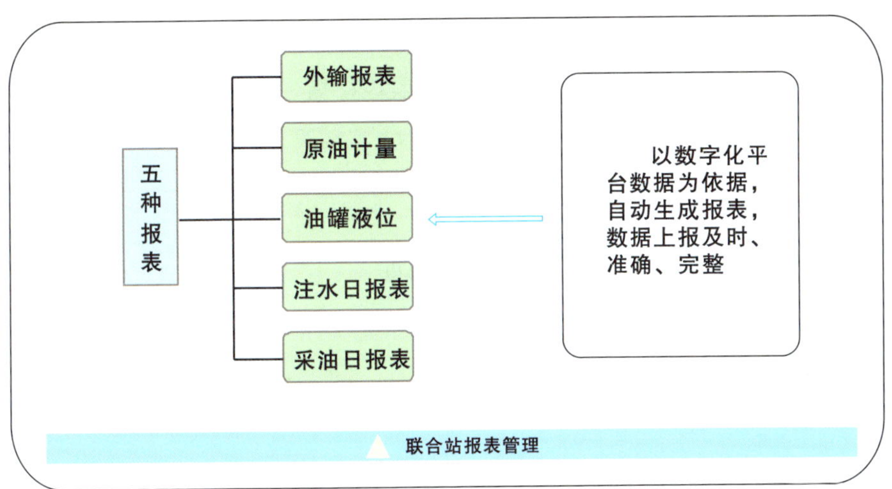

▲ 联合站报表管理

④每八个小时将原油计量、输油、注水等报表数据上报生产技术室和调控中心。

⑤每月做好数字化平台采集数据与联合站现场对比工作；每5天协同维护岗上罐量油并探明水，将手工量油尺寸与数字化平台上进行比对，并填写数据对比记录。

⑥特殊天气每1个小时与下游集输站联系，核对外输油量，对外输管线加密监控。

3. 联合站维护岗

（1）岗位职责。

①负责油气水集中处理、计量、外输及站内设备流程操作。

②维护保养站内设备，现场处置预警情况，进行流程切换、站内加药、收球等操作。

③开展站内管线巡护工作。

(2)工作流程。

①日常工作流程：接收联合站信息监控岗指令，处理预警信息现场问题，进行站内日常设备流程维护操作，并上报结果。

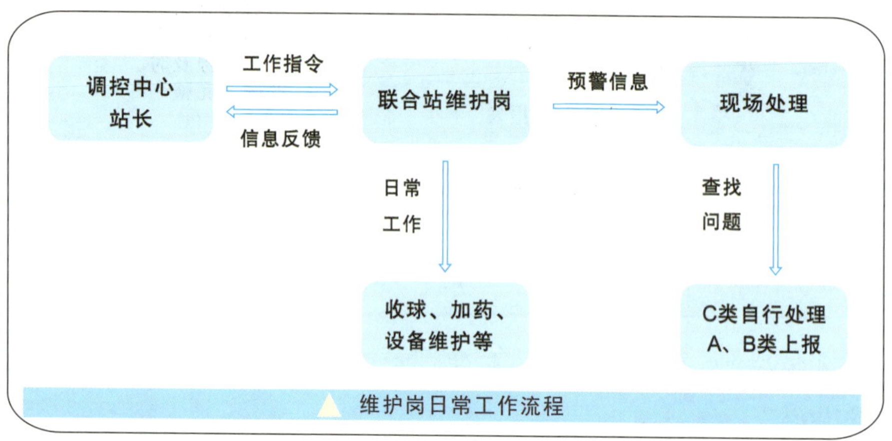

维护岗日常工作流程

②站内维护：按照站长指示，完成站内各项检修维护工作。

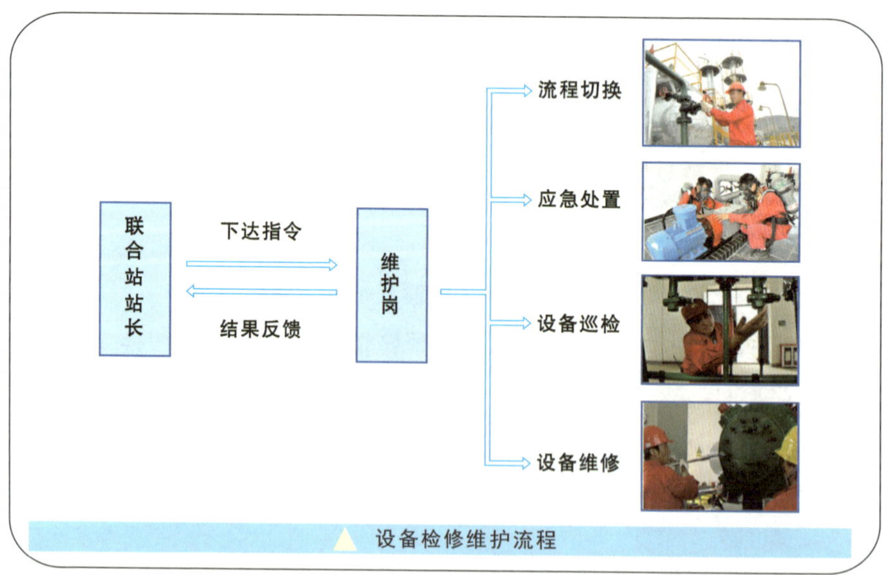

设备检修维护流程

（3）工作标准。

①协助联合站运行岗每月做好数字化平台采集数据与联合站现场对比工作；每5天上罐量油并探明水，将手工量油尺寸上报运行岗。

②每天定时定路线开展管线巡护工作，发现问题及时上报并采取相应处置措施；监控站内特殊施工作业。

③特殊天气，全面做好站内应急准备工作。

④每天早上9:00之前完成油水系统流程加药工作并做好记录；每天16:00之前完成收球工作，并做好记录。

⑤严格按照安全操作手册和标准作业程序进行设备维护和保养、流程切换操作。

一是每10天对三相分离器排污一次。

二是每7天对清水过滤器进行反冲洗，并做好记录。

三是对消防泵进行日盘班试月保养，确保消防系统设备正常。

四是每月对岗位上的用料计划进行上报。

五是每月对站内灭火器及消防设施进行检查，填写检查记录。

六是每2个小时对气液分离器、分子筛、一级二级分离器、大罐抽气凝液罐进行脱水。

七是每4个小时对地埋罐进行打液，将地埋罐液位降至最低。

⑥服从站长工作指令，及时对问题设备进行维修。

⑦配合运行岗进行各项现场问题核实，并进行信息反馈。

（三）增压站

增压站职能：落实调控中心生产指令，负责辖区及附属站生产运行实时监控、原油计量、原油外输、站内设备维护、直接进站油水井的实时监控、生产信息收集上报等工作，指挥应急班开展工作。

1. 站长（副站长）岗

（1）岗位职责。

①全面负责本站、附属站点和对应应急班的生产运行和人员管理。

②执行作业区调控中心指令。

③组织开展增压站标准化建设。

④负责增压站原油生产、原油集输、供注水量、注水运行及配注计划执行情况。

⑤监督、完善增压站及附属站点资料台账。

⑥组织开展增压站安全、设备检查及应急预案演练。

⑦负责增压站员工管理、考核及培训工作。

（2）工作流程。

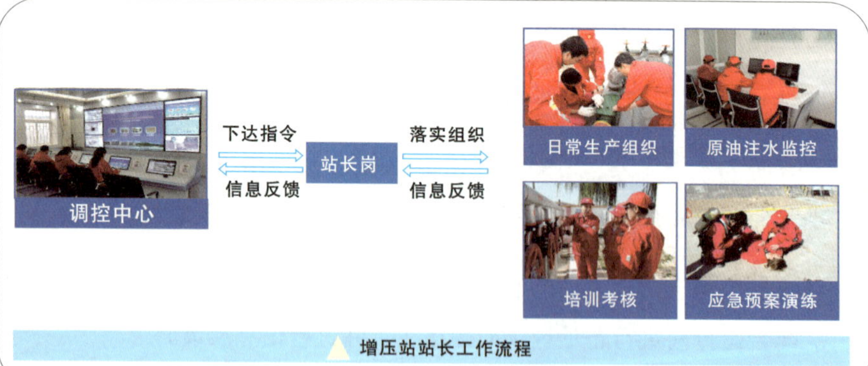

增压站站长工作流程

（3）工作标准。

①每天8：00组织站内在岗人员开碰头会及电话通知附属站站长，安排当天工作，并做出风险提示。

②每天16：00落实当日安排工作的完成进度，做好记录，重点工作及时上报到调控中心。

③每月的1日、11日、21日号召开站务会，对该旬度的工作做以小结，并部署下阶段的重点工作，做好会议组织记录。

④每月组织召开交接班大会，交接过程要严格落实岗位交接班工作标准，认真填写岗位交接班记录，安排本月重点工作。

⑤每月落实站内队伍稳定，综合治理，宿舍卫生，员工伙食的执行情况。

⑥落实员工培训工作，按照月度培训计划，开展培训工作。

⑦按照HSE月度重点工作安排，每月组织1次应急处置措施演练，并做好演练记录。

⑧对所辖站点井场施工作业进行现场监督，作业前对施工人员进行安全风险教育；施工作业中如有违章作业和不安全行为，有权叫停；施工作业结束后，确认生产回复，并及时向调控中心反馈。

⑨运用数字化平台，监控生产运行，制定基本的技术措施，指挥并监督附属站点、对应应急班开展工作。

2. 运行岗

（1）岗位职责。

①监控本站及附属站原油集输、油田注水、安全消防设施等运行情况，处置异常情况。

②监控管辖井场、油水井及外输管线运行情况；负责油气水集中处理、计量、外输及站内设备流程操作。

③处理预警信息，给对应应急班、附属站下达生产指令。

④监控所辖井场、附属站点现场施工情况。

⑤收集上报各项生产信息，上传各项生产报表。

⑥落实本岗位范围内HSE工作要求。

（2）工作流程。

①站内关键点监控。

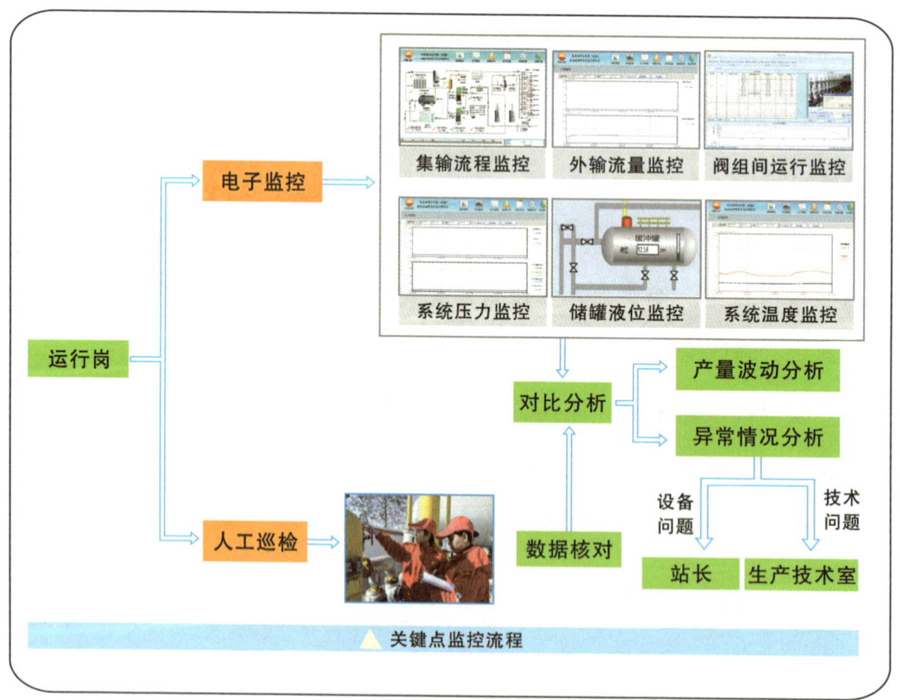

▲关键点监控流程

②油水井远程监控流程。

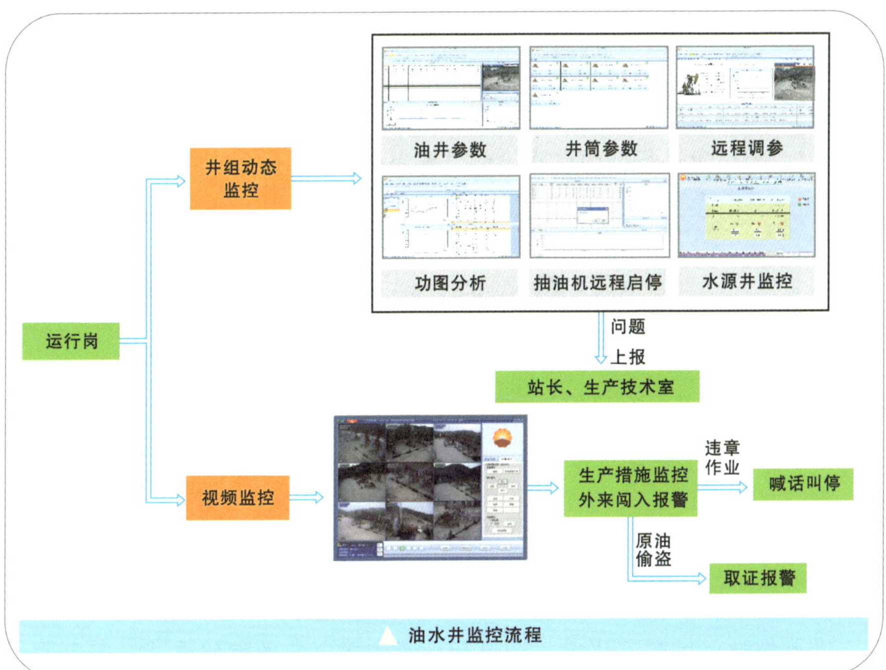

油水井监控流程

③增压橇运行监控流程。

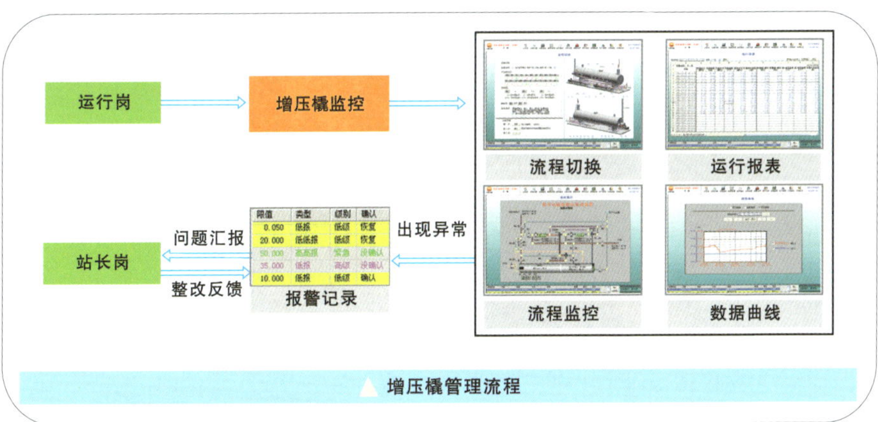

增压橇管理流程

（3）工作标准。

①每天8：00进行交接班，交接双方必须提前10分钟做好交接准备，交接过程严格落实岗位交接班工作标准，认真填写岗位交接班记录。

②每2个小时进行站内巡回检查，确保站内关键控制点正常平稳工作。通过站控平台对站内流程进行实时监控，确保设备、流程安全正常运行。

③监控原油外输液量、液位、压力、运行曲线、配水间运行状况、配注完成情况、注水量是否平稳，发现异常及时分析原因并上报。

④对站点生产运行日报表、油井日报表、注水班报进行审核、收集、整理、上报、异常原因分析。

⑤对所管辖井场、站点重要区域以及安全环保所采集参数，进行实时监控，系统提示的报警信息必须及时处理，并上报站长和调控中心。

⑥监控站点上数字化增压橇运行负责监控上游数字化橇装设备各项生产参数的实时监控，出现异常及时通知站长进行处理。

⑦开展站控平台日常管理工作，禁止非工作人员登录站控系统；维修厂家未得到允许情况下不得擅自修改平台上任何参数；做好交接班用户变更工作。

3. 维护岗

（1）岗位职责。

①负责维护保养站内设备、协助流程操作。

②接收运行岗预警指令，现场处置站内异常情况。

③负责站内流程、管线巡护工作。

（2）工作流程。

▲中心站维护岗工作流程

（3）工作标准。

①每天对辖区内的管线进行一次巡护，并做好管线道路巡护记录，如遇突发事件，做好应急抢险工作。

②协助运行岗进行每月1次的数字化平台数据核实对比工作，确保站控平台采集数据与现场相符。

③按照“三清、四无、五不漏”的要求，做好站内管线、设备的日常维护保养工作及环境治理。

④现场监督所辖站点的扫线、动火等施工作业，确保施工保质保量保安全完成。

（四）供（注）水站

供（注）水站职能：落实调控中心及站控中心生产指令，负责辖区油水井及设备生产运行实时监控，站内供（注）水设备维护，以及生产信息收集上报等工作。

1. 站长岗

（1）岗位职责。

①负责落实调控中心指令。

②负责全站数字化设备管理与日常工作安排。

③负责员工培训与考核。

④组织好站内建设工作。

⑤负责站内的HSE管理工作,组织应急预案演练。

（2）工作流程。

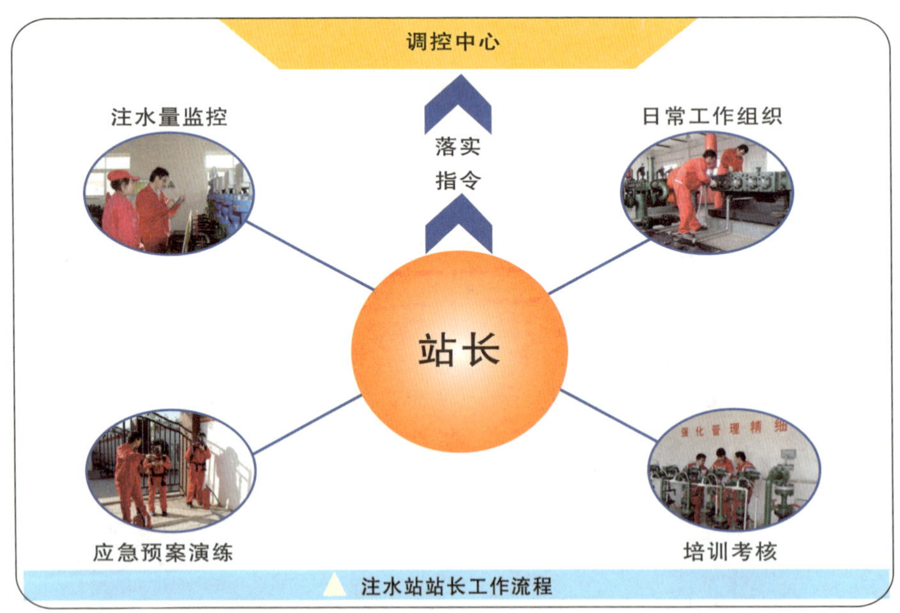

▲ 注水站站长工作流程

（3）工作标准。

①落实调控中心指令,及时反馈信息。

②开展站内日常管理工作，组织岗位员工搞好本站所有注水设备和数字化设备的维护保养，对生产要害部位，要做到定期检查，保证水质处理系统、注水系统及数字化平台正常运行。

③组织员工学习数字化相关知识和数字化管理平台操作流程。

④开展站内基础工作，包括内务卫生、现场管理及资料填写。

⑤严格执行HSE管理制度和标准作业程序，并监督岗位员工做好日常防护与隐患治理，组织应急预案演练。

2. 供(注)水站运行岗

（1）岗位职责。

①负责站内设备的维护和保养。

②负责监控喂水泵、注水泵及水源井的运行情况。

③负责站内日常工作。

（2）工作流程。

①信息处理流程。

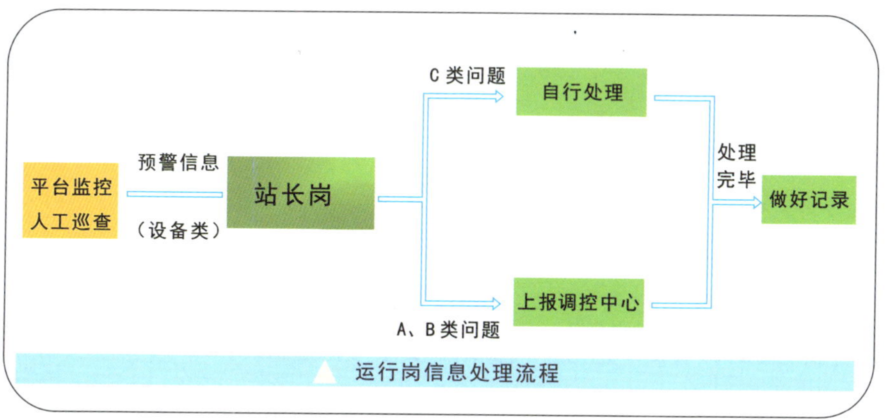

运行岗信息处理流程

②站内监控流程。

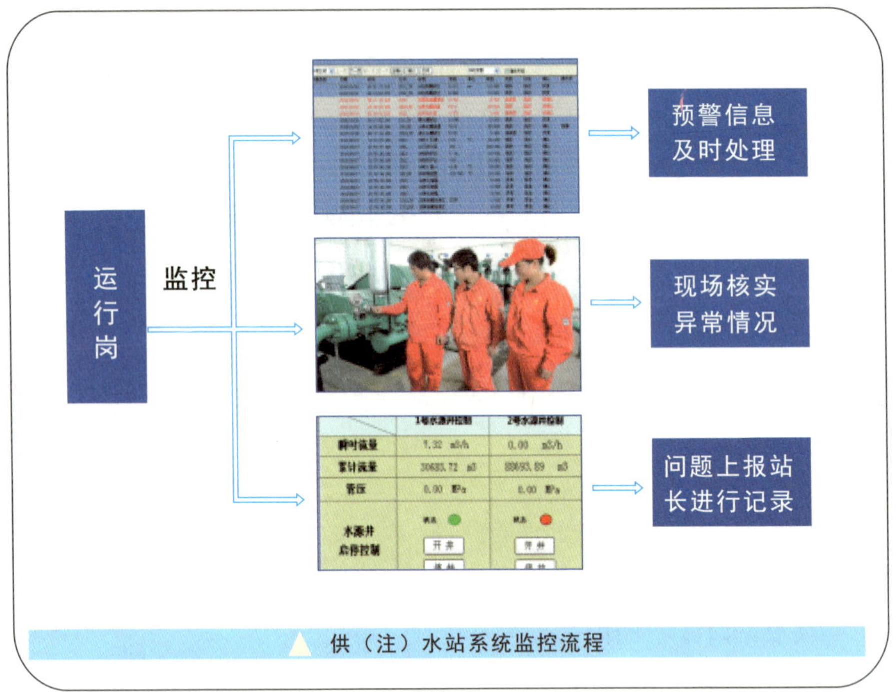

供（注）水站系统监控流程

（3）工作标准。

①实时监控站内重要部位，发现问题及时处理，无法解决的问题要立即上报站长并做好记录。

一是监控站内大罐水位是否在警戒范围内。

二是监控站内设备运行状况及水源井运行情况。

三是监控外来人员闯入及站内作业现场监督。

②实时监控站内流程，运用站控平台流程界面对关键控制点进行检查，及时处理报警提示信息，确保站内安全平稳运行。

一是监控注水泵压力、流量是否在要求范围内。

二是监控喂水泵压力、流量是否在正常范围内。

三是监控污水池液位是否超过警戒水位。

四是负责注水泵、喂水泵的远程启停。

③监控站内配水间运行状况，核实配注完成情况，及时做好调整。

一是监控分水器压力，单井的压力、瞬时流量、累计流量，按时上传注水报表。

二是按照配注计划及时调整注水量，确保注水任务完成。

三是发现注水数据异常，及时上报生产技术室。

④监控注水量是否平稳，实时监控站内阀组压力、流量等参数，运行曲线出现异常及时分析原因并上报调控中心。

⑤采集站控平台系统所生成的各项设备运行数据，做好数据分析对比工作，检查有无缺失项和数据丢失现象。

⑥对系统提示的报警信息必须及时处理，系统将根据每次报警的时间、部位、报警级别、处理时间、处理人自动生成报表。

⑦开展站控平台日常管理工作，禁止非工作人员登录站控系统；维修厂家未得到允许情况下不得擅自修改平台上任何参数；做好交接班用户变更工作。

（五）应急班

应急班职能：负责保障区域特殊作业、应急抢险、设备维修、管线巡护工作，并负责油井（调参、热洗、扫线、投球、加药、取样）、井场清洁、井场及管线施工作业现场监督、护油护井等工作。

1. 班长(副班长)岗

（1）岗位职责。

①负责组织执行调控中心、站控中心指令，现场处理预警问题。

②负责所辖区域内应急抢险、检维修作业和井场日常维护、安全环保管理。

③负责班组基础工作、队伍建设和政策宣贯。

④负责信息的收集、反馈及处理、落实调度指令。

⑤负责日常工作的监督、检查、落实和考核。

⑥负责员工基本素质建设和绩效考核。

（2）工作流程。

①区域性应急。

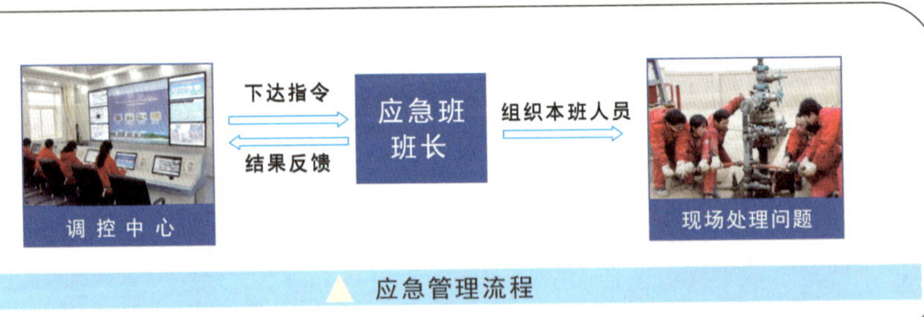

应急管理流程

②重点工作。

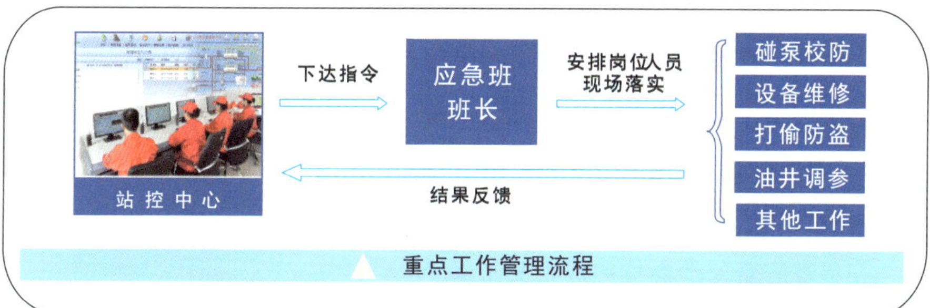

重点工作管理流程

③日常工作。

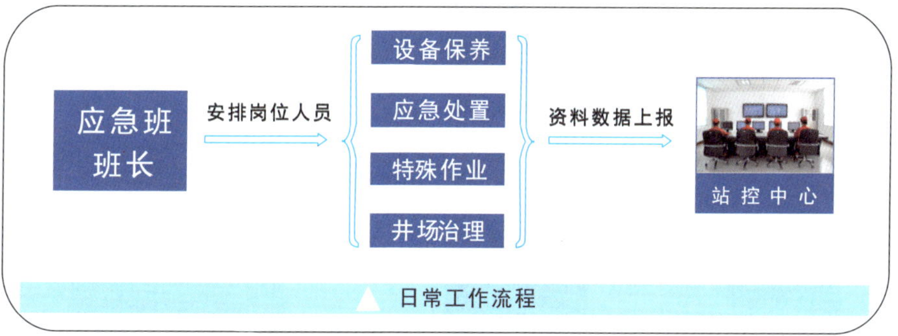

日常工作流程

（3）工作标准。

①每天8:00召开班前会，安排当日重点工作，及时将信息反馈至站控中心。

②及时安排人员现场落实站控中心安排的工作。油井调参、热洗、加药、取样、油井校核、碰泵校防工作当日完成并反馈结果。

③按照指令进行检维修作业并及时反馈信息。

④对调控中心安排的区域性应急工作，班长要组织好本班员工及时赶赴现场，服从统一调度，配合其他部门完成任务。

⑤每月进行岗位员工工作考评，将考评结果上报至作业区人事岗。

2. 电工岗

（1）岗位职责。

①负责生产现场低压线路、用电设施的日常检修维护。

②负责电工用具的检查、保养、清洁。

③配合开展数字化设备设施电路的维修。

④负责生产区域内用电安全检查。

⑤负责配合其他岗位完成相关工作。

（2）工作流程。

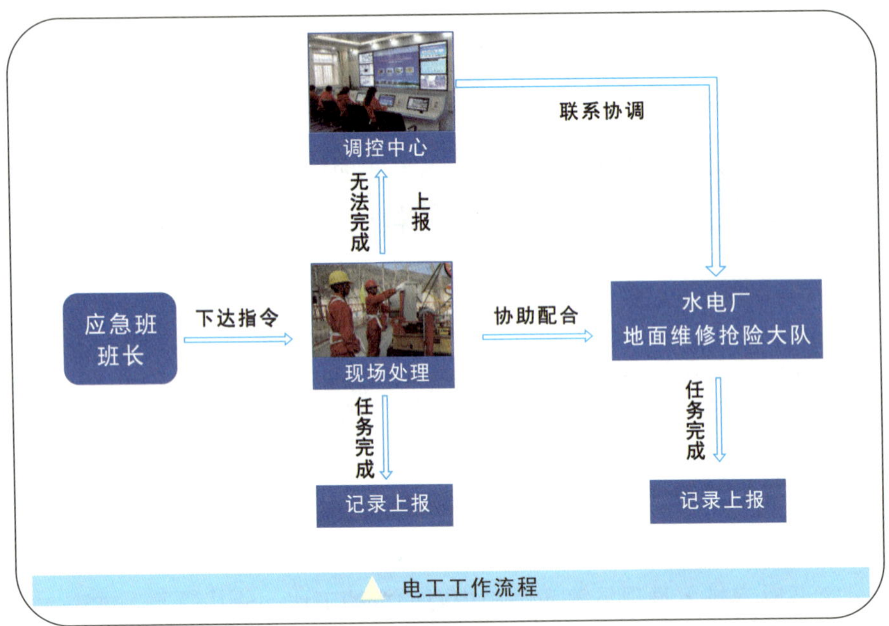

电工工作流程

（3）工作标准。

①电工必须经过专业培训，做到持证上岗，穿戴符合规定的劳保护具，严格执行操作规程。

②按照用电作业许可管理办法，作业过程中严格执行临时用电安全管理规定，对作业区域进行圈闭，设专人监护作业全过程。

③使用符合安全标准的工具，作业前进行检查（安全带、脚扣、令克棒、万用表等），确保完好。有标明使用周期的器材和仪表，定期更换和校验。

④每月至少对所辖区域内的电器设备、数字化设备、用电线路巡检1次，并做好电工月度检查记录表。

3. 焊工岗

（1）岗位职责。

①负责生产生活区域电、气焊作业。

②负责电、气焊设备的清洁、保养，及设备安全附件的检查。

③负责配合其他岗位完成相关。

（2）工作流程。

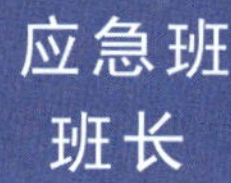

焊工工作流程

（3）工作标准。

①焊工必须经过专业培训，做到持证上岗，穿戴符合规定的劳保护具，严格执行操作规程。

②电氧焊设备（电焊机、氧气瓶、乙炔瓶、割枪、皮带、焊钳等）、安全附件（氧气表、乙炔表、减压阀）做到定期检查、定期校验，并填写好设备维修保养记录。

③作业前必须办理动火作业计划书、动火作业许可证等安全工作标准

要求的票据，现场施工监护人员按照动火作业安全理规定，落实相关安全措施。作业过程中，严格执行标准化作业程序，在作业区域内悬挂警示牌，对作业区域进行圈闭。

④阴天、雨天、夜间等特殊天气禁止焊工进行电氧焊作业；在地沟、房间等狭小的有限空间进行作业时，严格执行受限空间作业安全管理规定、油气站库隐蔽工程安全管理规定等。

4. 维护岗

（1）岗位职责。

①负责生产区域内设备维修与二、三级保养。

②负责油井投球、加药、取样、调参、热洗、扫线及其他维修抢险作业。

③负责辖区管线巡护及应急抢险工作。

④配合其他岗位完成任务。

（2）工作流程。

①重点工作。

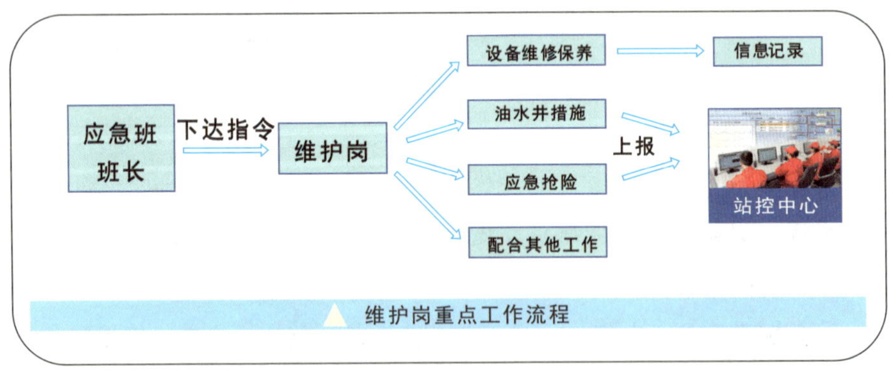

维护岗重点工作流程

②日常工作。

▲ 维护岗日常工作

（3）工作标准。

①维修工现场作业必须穿戴符合规定的劳保护具，严格执行操作规程。

②生产现场的采油、注水设备，以及各类安全附件（压力缸、阻火器）要做到定期检查、定期校验，并填写好设备维修保养记录。

③每月积极配合增压站或者计量接转站运行岗做好数字化平台采集数据与井场现场数据对比工作，确保平台数据和现场数据的一致性。

④按照安全设备维护保养要求，对联合站所辖井场设备开展一级保养工作；根据信息监控岗操作指令或者站长指令进行井场流程操作或者抽油机启停（特殊天气远程操作失效）。

⑤每天按照井场和管线巡回检查要求进行油水井、管线的巡检工作。

⑥根据生产技术室下发计划，开展井场投球、加药、取样等工作。

⑦负责联合站井场数字化设备的巡检工作，发现问题及时反馈给信息监控岗。

⑧一般性作业要严格执行标准化作业程序，落实相关安全措施。

⑨配合特殊作业过程中，要服从管理人员指挥，严格执行安全操作规程，对作业区域进行圈闭并悬挂警示牌。

⑩进入限空间进行作业时，必须有专职监护人员，严格执行受限空间作业安全管理相关规定。

⑪高空作业时必须记好安全带，严格执行高处作业安全管理相关规定。

生产运行管理

SHENG CHAN YUN XING GUAN LI

随着新型劳动组织架构改革和生产管理流程优化，传统的生产运行管理也随之变革。以数字化生产指挥系统为基础，运用数字化管理平台，对油气生产现场进行实时数据采集和监控，改变生产信息流传递方式，实现数据流和业务流统一，构建以“指挥中心—调控中心—站控中心”为中枢的生产运行管理机制，缩短管理链条，形成生产运行管理新方式。

一、数字化生产指挥系统

数字化生产指挥系统由生产运行调度系统、安全环保监控系统、应急抢险指挥系统和开发动态监控系统四大系统组成。厂级平台共有34个功能模块，作业区平台共有24个功能模块。通过共享生产信息和预警信息，结合岗位职责界定，实现对计划目标、生产运行、安全管理、应急抢险、开发动态的分级、分类管理，确保生产管理有序受控运行。

▲ 厂生产指挥系统主界面

（一）生产运行调度系统

以油气生产为重点，实现生产目标管理、系统运行监控、施工作业跟踪、综合信息处置和生产运行风险实时预警。

一是对原油生产、油田注水、轻烃产量进行预警管理。

二是对油气集输、原油拉运、生产用气实现超限预警。

三是实时反映钻、测、试、投生产动态,确保施工质量和安全。

四是分级监控、分类处理预警信息，实现生产信息上传、指令下达。

厂级监控界面由14个模块组成，包括原油生产、油田注水、轻烃生产、原油集输、生产用气、原油拉运、措施作业、小修作业、钻井动态 、测井作业、试油作业、投产投注、生产辅助以及调度日志。

厂生产运行调度系统子界面

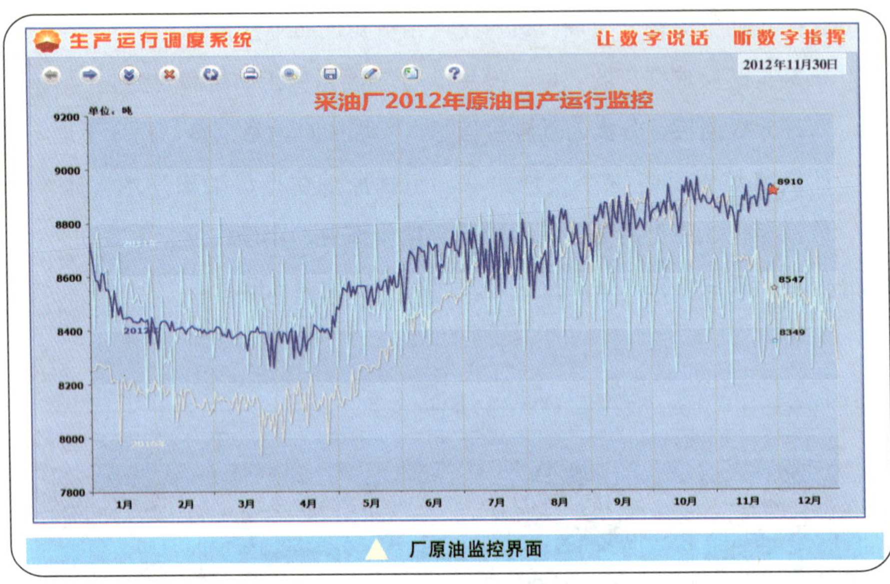

厂原油监控界面

作业区级监控界面由7个模块组成，包括原油生产、油田注水、原油集输、原油拉运、油井小修、生产辅助以及调度日志。

作业区生产运行调度系统子界面

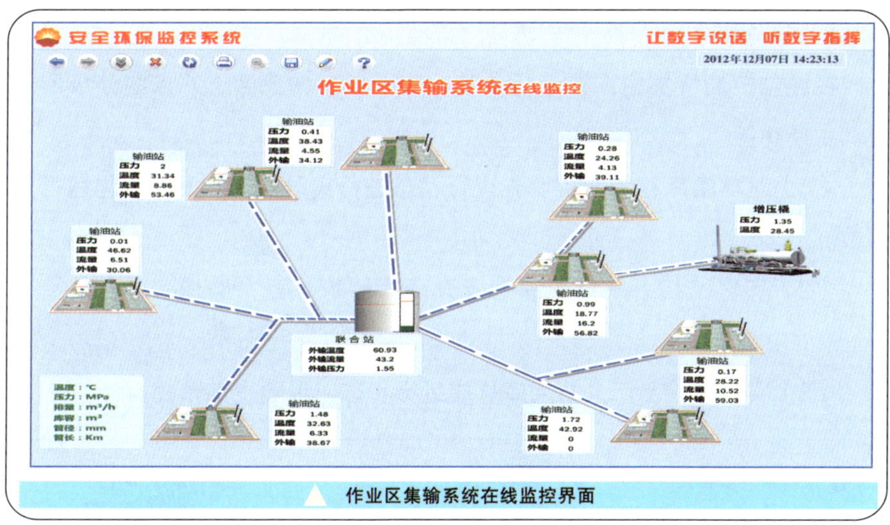

作业区集输系统在线监控界面

1. 原油生产

运用前端采集的实时数据和信息，对原油产量进行从“单井—站点—作业区”的监控，建立“站控、调控、指挥”三级产量监控体系，对产量运行实行预警管理。主要功能:监控厂、作业区（日、月、年）原油任务完成情况,统计分析液量、产量、采油时率等重要生产数据。

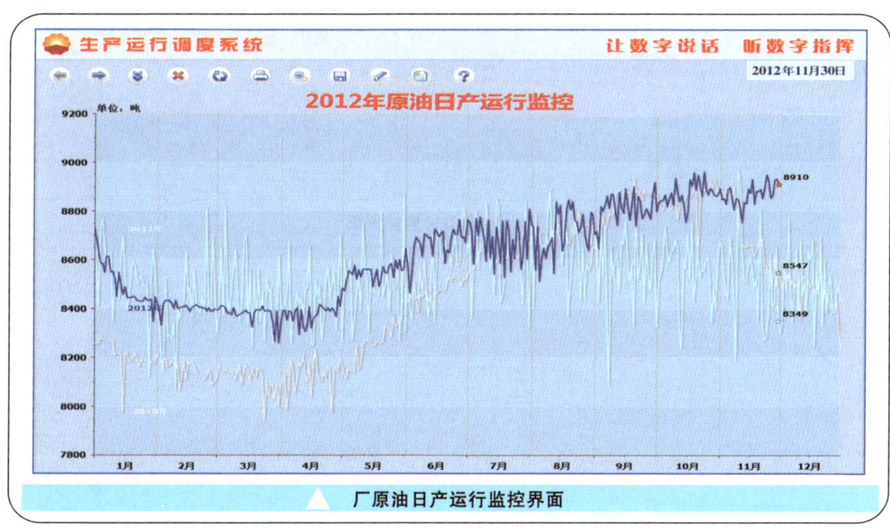

厂原油日产运行监控界面

2. 油气集输

在线监控油气集输系统运行参数，实现厂、作业区、站点的分级监控。主要功能:

（1）对单罐库存和设备设施运行状态进行实时监控，及时优化运行参数。

（2）实时监控各站点总库存及升降库运行趋势，确保各站产输平衡。

（3）实时监控全厂大站大库总体运行状态，风险提前预控。

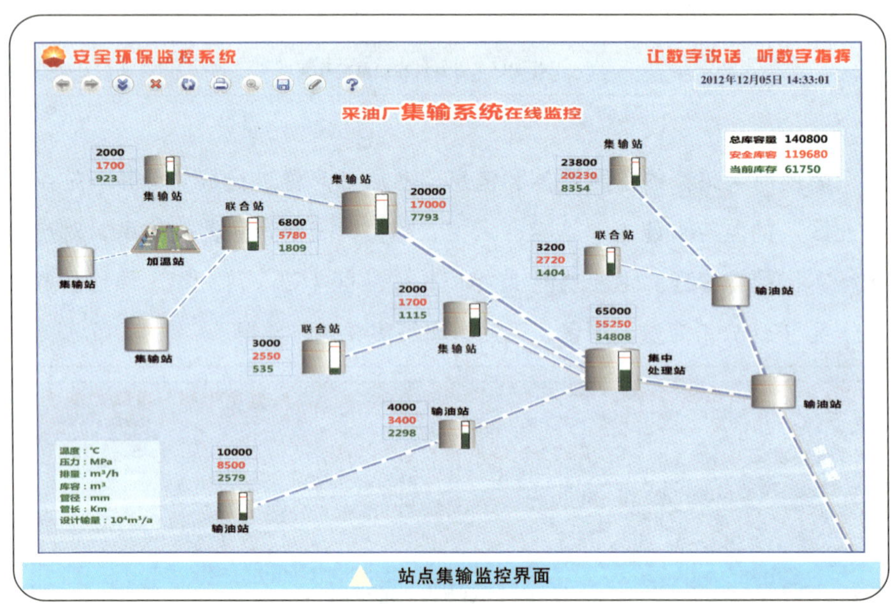

站点集输监控界面

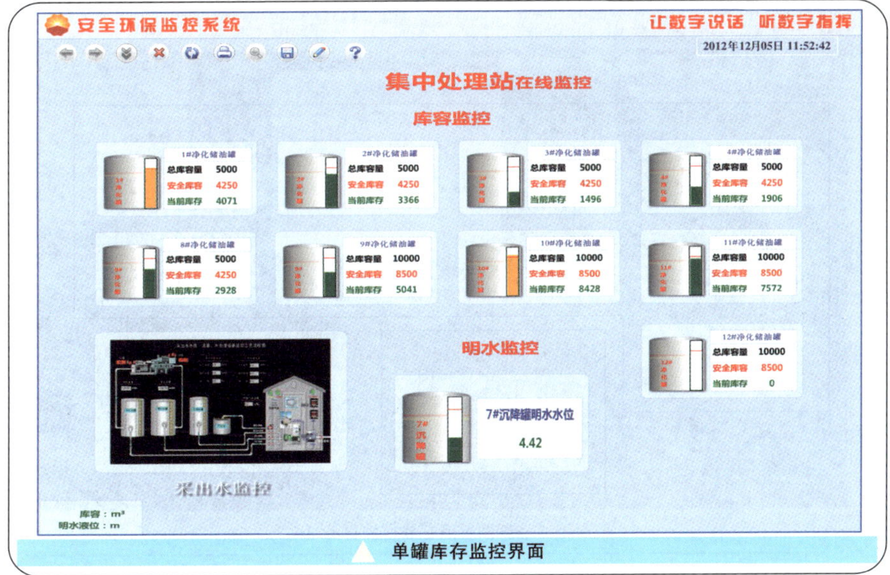

单罐库存监控界面

3. 原油拉运

在线监控各拉油点运行参数，及时掌握拉油点库存和拉油情况。

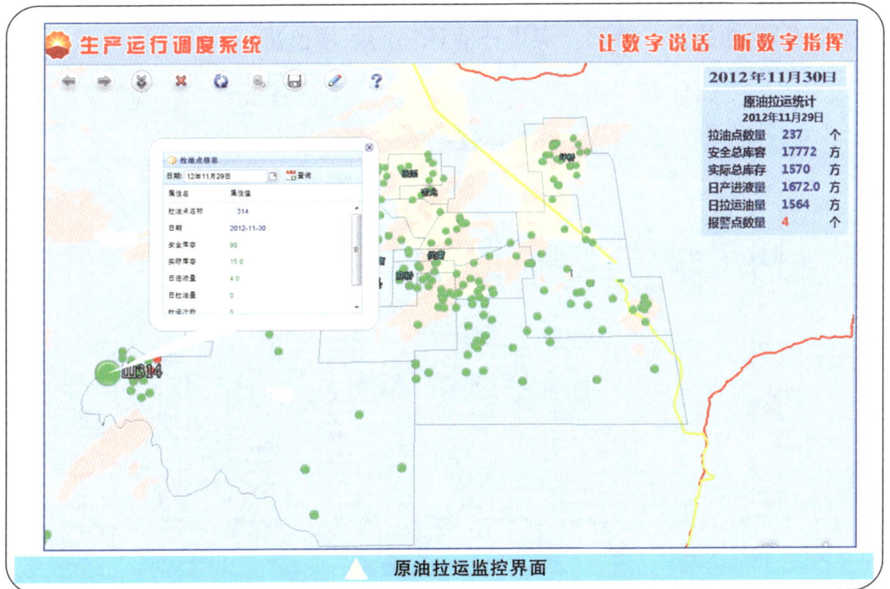

原油拉运监控界面

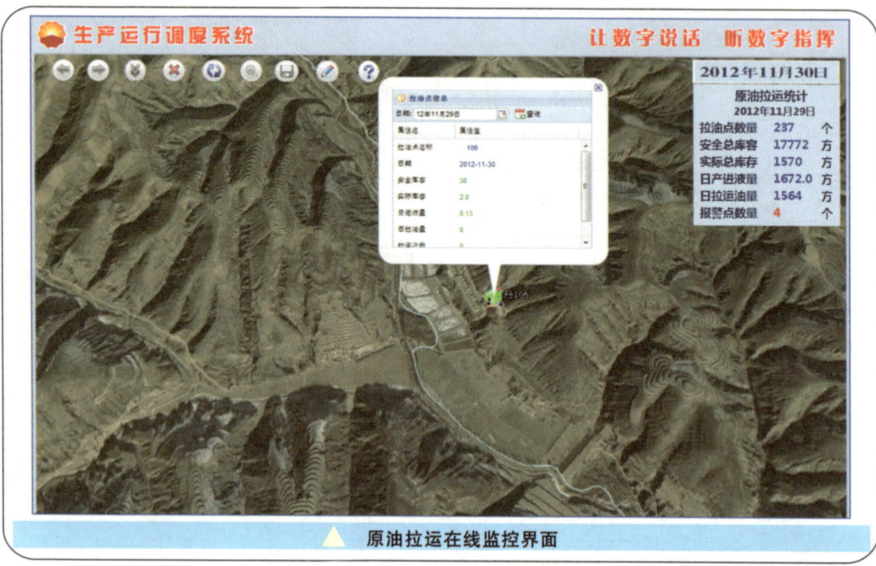

原油拉运在线监控界面

4. 措施作业

运用平台对措施方案编制、下发进行在线查询，通过视频对作业进度和关键工序进行监控、督促。主要功能：监控油水井措施进度、效果及月度（年度)计划的完成情况，实现作业现场的远程监督。

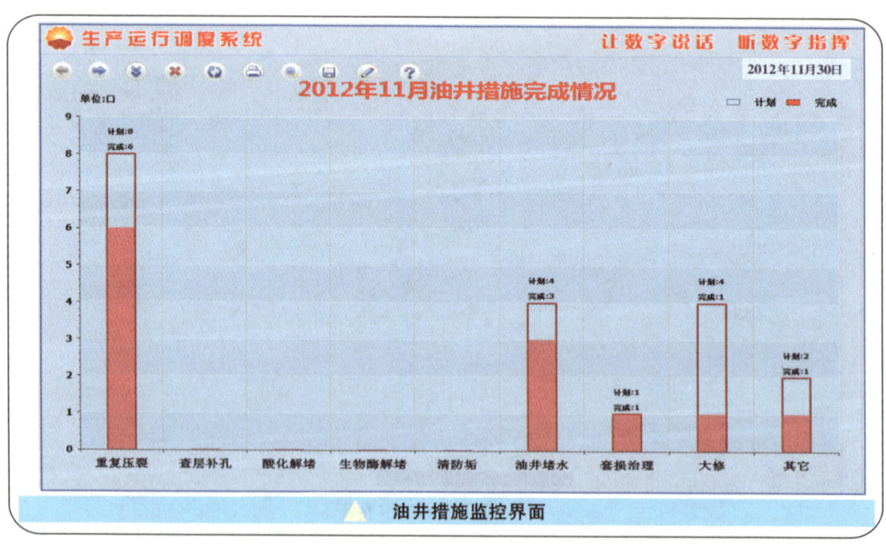

油井措施监控界面

措施现场在线监控界面

5. 调度日志

对生产指令和生产信息进行集中管理，实现系统安全、生产预警信息集中显示，分级处理。主要功能：

（1）主要将各类生产信息统一收集、快速上传。

（2）对上报的生产信息进行分析，并及时将指令下达给相关部门。

（3）跟踪落实问题处理情况。

（4）实现生产预警信息分级处理、归类统计、预警提示、历史查询。

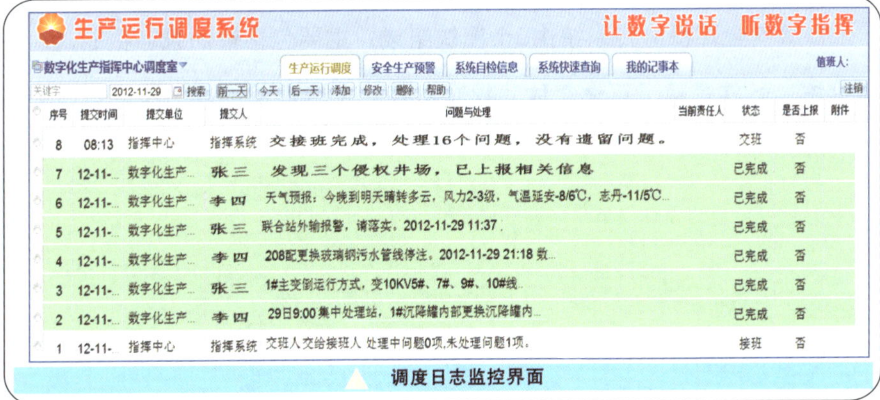

序号	提交时间	提交单位	提交人	问题与处理	当前责任人	状态	是否上报	附件
8	08:13	指挥中心	指挥系统	交接班完成，处理16个问题，没有遗留问题。		交班	否	
7	12-11-...	数字化生产...	张三	发现三个侵权井场，已上报相关信息		已完成	否	
6	12-11-...	数字化生产...	李四	天气预报：今晚到明天晴转多云，风力2-3级，气温延安-8/6℃，志丹-11/5℃...		已完成	否	
5	12-11-...	数字化生产...	张三	联合站外输报警，请落实，2012-11-29 11:37		已完成	否	
4	12-11-...	数字化生产...	李四	208配更换玻璃钢污水管线停注，2012-11-29 21:18 数...		已完成	否	
3	12-11-...	数字化生产...	张三	1#主变倒运行方式，变10KV5#、7#、9#、10#线...		已完成	否	
2	12-11-...	数字化生产...	李四	29日9:00集中处理站，1#沉降罐内部更换沉降罐内...		已完成	否	
1	12-11-...	指挥中心	指挥系统	交班人交给接班人 处理中问题0项,未处理问题1项。		接班	否	

调度日志监控界面

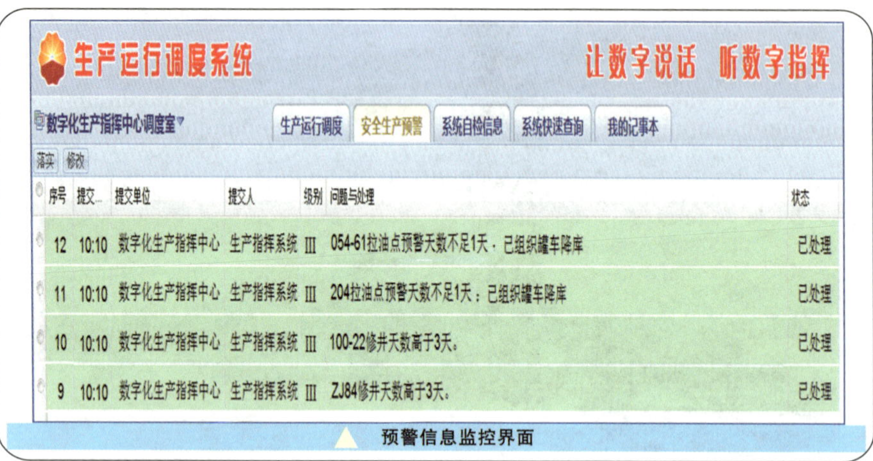

▲ 预警信息监控界面

（二）安全环保监控系统

以油气集输单元为核心，实时监控油气场站工业安全、水库河流敏感区环境安全和道路交通安全。主要功能：实时监控输油泵、截断阀、拦油设施的运行情况，在紧急情况下可实现远程停泵、截断阀关闭，将油气泄漏影响降至最低； 实时监控站库内的工艺运行、储罐液位、可燃气体、水质处理等，实现超限预警；对全厂车辆进行GPS实时监控，实现超速、越界报警，违章信息集中管理。

厂级安全环保监控系统由9个模块组成，主要包括输油泵、截断阀、拦油设施、站库管网、可燃气体、视频监控、车辆监控、电子执勤以及采出水监控。

厂安全环保监控界面

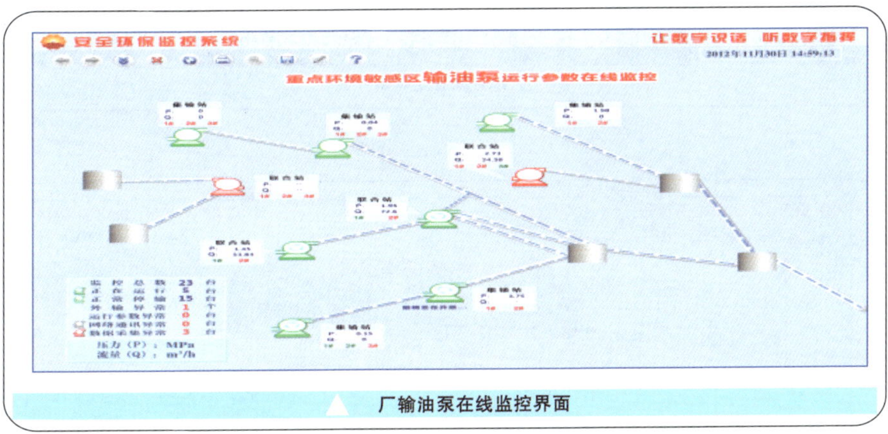

厂输油泵在线监控界面

作业区级安全环保监控由6个模块组成，主要包括输油泵、可燃气体、视频监控、车辆监控、电子执勤以及采出水监控。

作业区安全环保界面

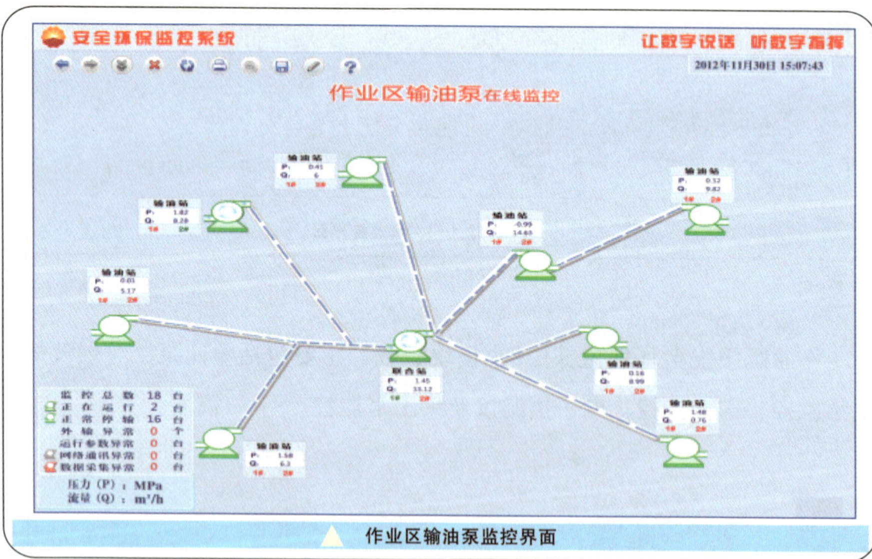

作业区输油泵监控界面

1. 安全环保监控

（1）输油泵监控。

采用趋势判断法对输油泵的外输压力、外输流量等运行参数进行实时监控，初步判断管线是否泄漏，紧急情况下可实现远程停泵、从源头上防止原油泄漏。

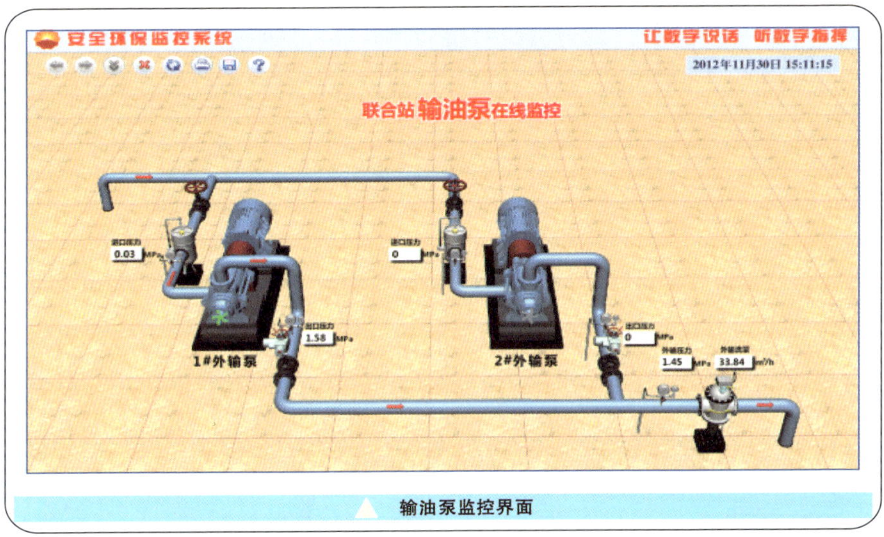

输油泵监控界面

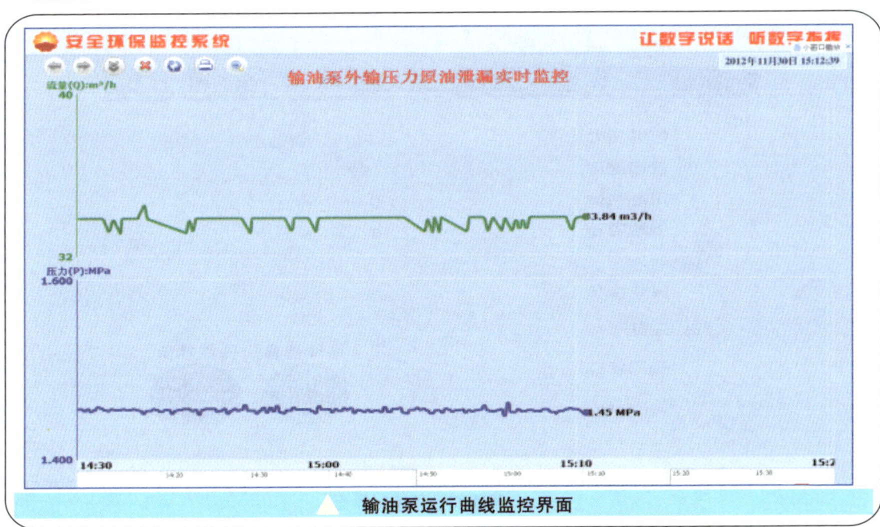

输油泵运行曲线监控界面

（2）截断阀监控。

实时监测输油管线截断阀前、后压力、温度、开启度等运行参数和可燃气体浓度，实现对长输管线截断阀的远程监视和紧急截断，当管线发生泄露时可以远程操作关闭截断阀，防止管线原油持续泄漏。

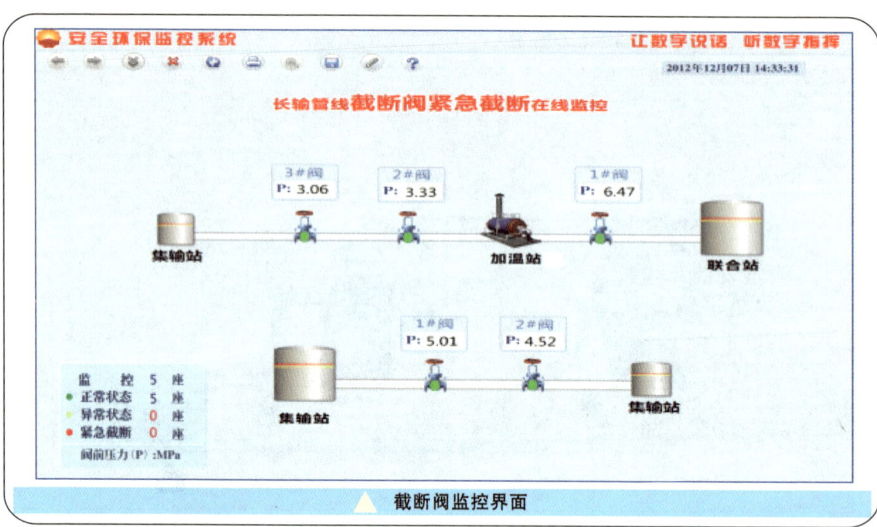

截断阀监控界面

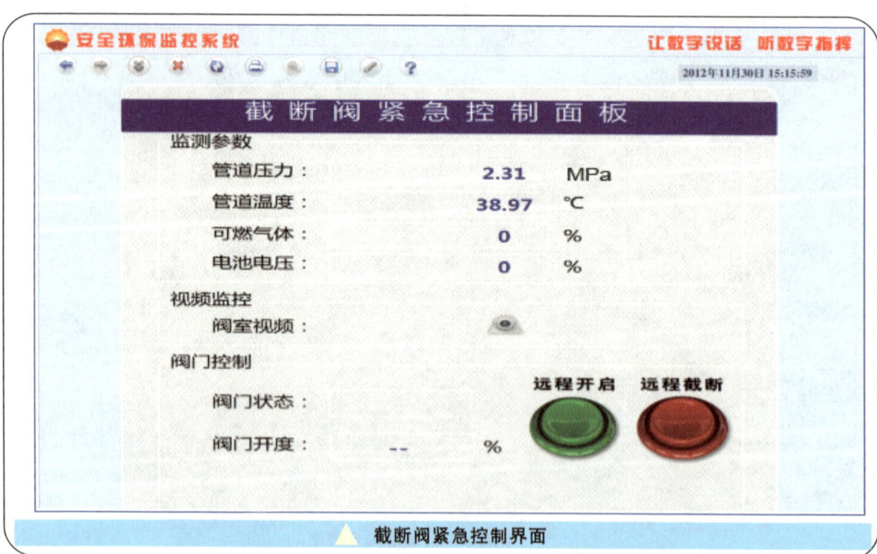

截断阀紧急控制界面

（3）拦油设施。

在水库上游重要位置，建设围油栏、拦油坝、视频监控、溢油在线监控系统，并在重要河流关键位置建立应急抢险中心，对水库周边的水系进行24小时全天候监控，确保出现泄漏及时发现、及时抢险。

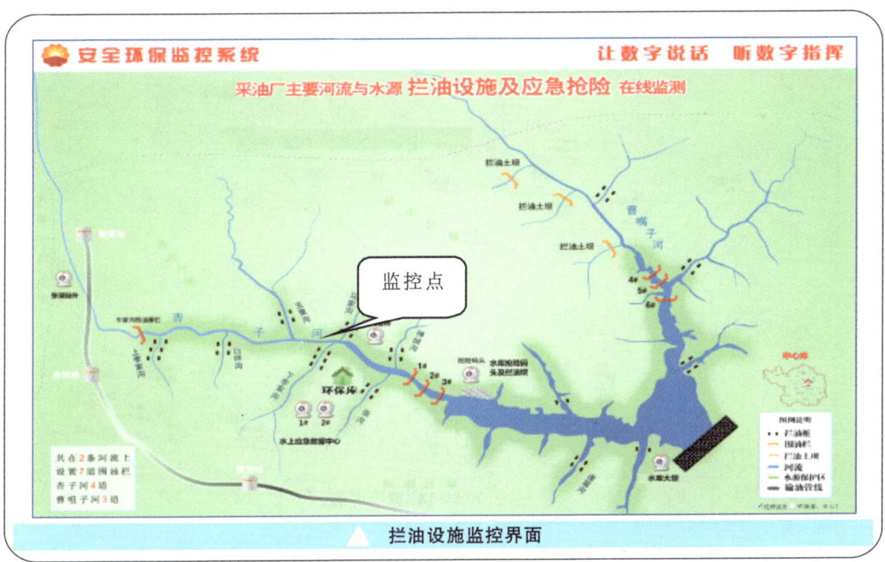

▲ 拦油设施监控界面

▲ 水库围油栏监控界面

2. 可燃气体

油气生产场所重点要害部位都安装有可燃气体探测仪，实时监测油气生产站点可燃气体浓度，提升对生产场所油气泄漏险情的感知能力，有效降低油气泄漏风险。

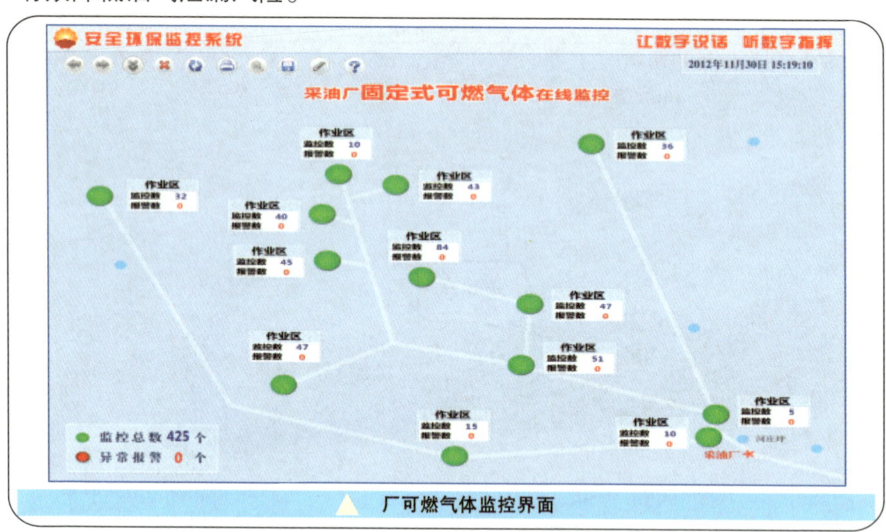

厂可燃气体监控界面

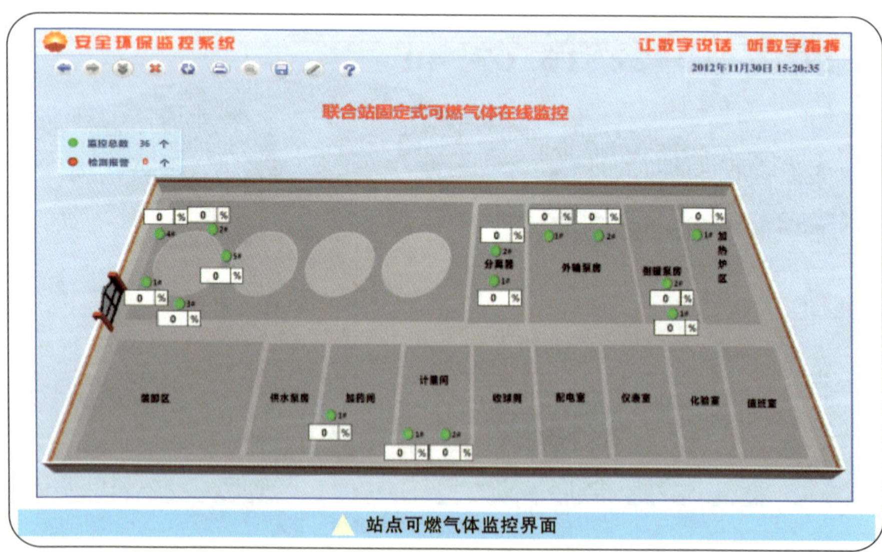

站点可燃气体监控界面

3. 车辆监控

对所有车辆安装GPS定位系统，实现超速、行驶越界报警、实时定位、轨迹回放及违章统计等功能，实现对车辆运行状态的实时监控，提高车辆安全运行管理效率。

车辆在线监控界面

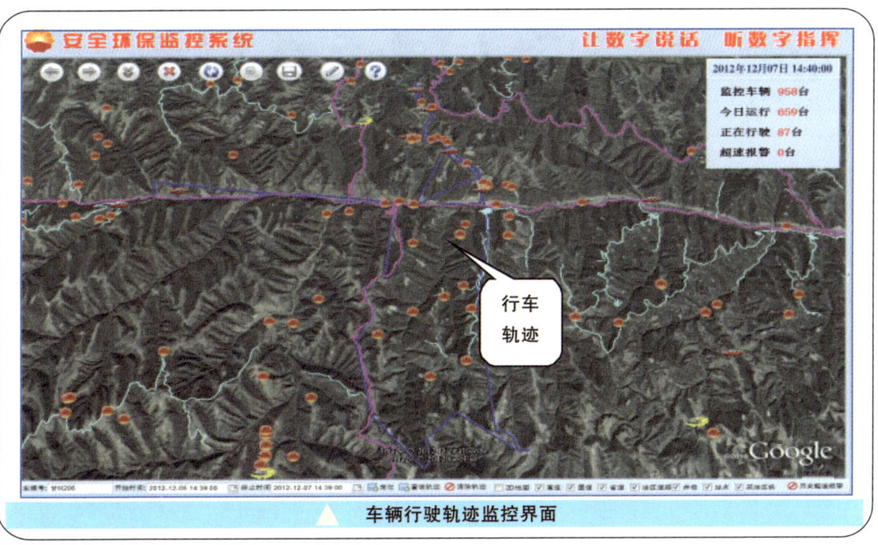

车辆行驶轨迹监控界面

（三）应急抢险指挥系统

应急抢险指挥系统共8个功能模块，主要包括应急组织、应急预案、抢险队伍、应急物资、应急通信、气象预警、应急演练、相关文件。通过对应急预案、队伍、物资、气象等进行统一管理，实现应急物资（物资、抢险队伍、医疗、车辆等）集中管理，并且可以实现分类、分区域查询、在线调度等功能，为应急抢险提供支持。

▲ 厂应急抢险指挥系统界面

应急物资在线调度界面

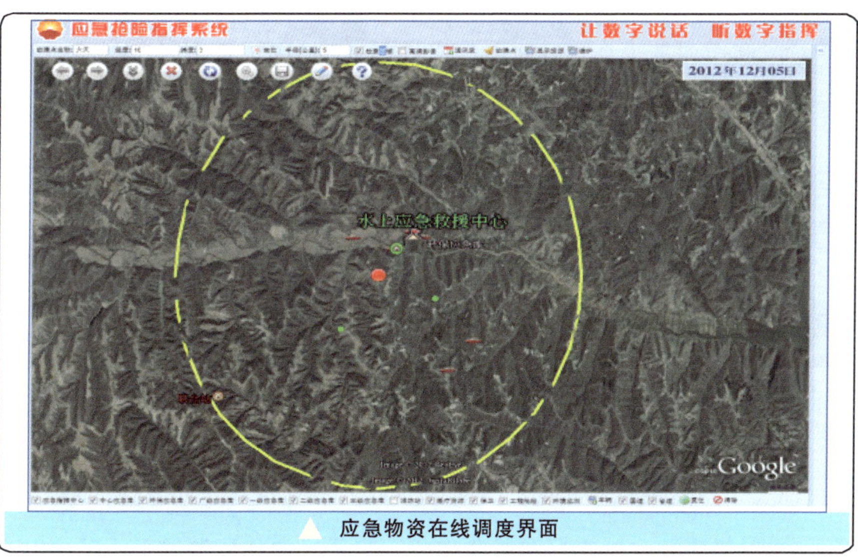

应急物资在线调度界面

（四）开发动态监控系统

包括厂、作业区两个层面，通过实时跟踪和监控油井工况、单井动态变化，及时制定相应的技术措施，并对开发指标进行分析管理。主要功能：分析油井工况是否正常，液面是否合理，生产异常井预警提示；每日跟踪区块单井液量、含水、波动井预警提示；监控递减率、含水上升率、配注合格率等关键指标。主要包括工况诊断、油水井动态、开发指标等内容。

▲ 开发动态监控系统界面

1. 工况诊断

实时采集油水井工况和载荷变化，实现异常井预警提示，采油厂—作业区—基本生产单元—单井的资料分级管理。

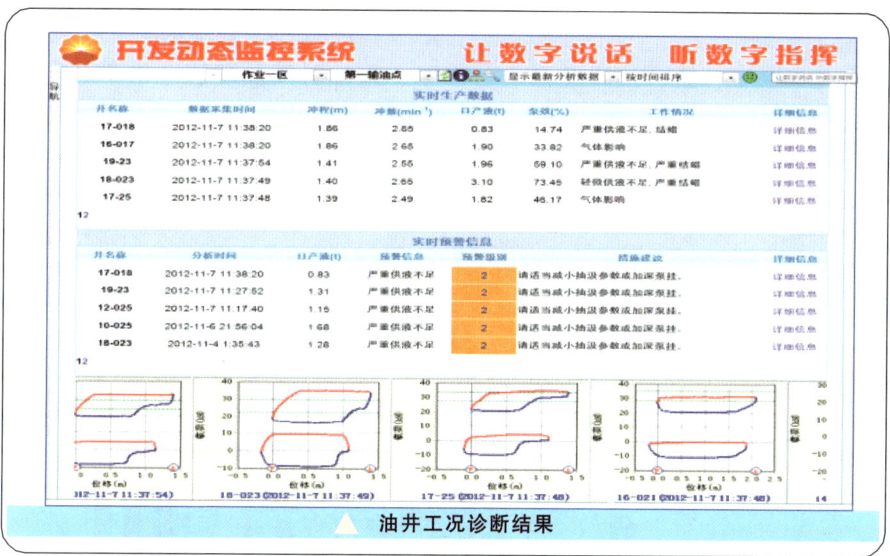

油井工况诊断结果

2. 油水井动态

对单井液量、含水波动进行监控，对区块波动井比例和单井波动超限预警提示。

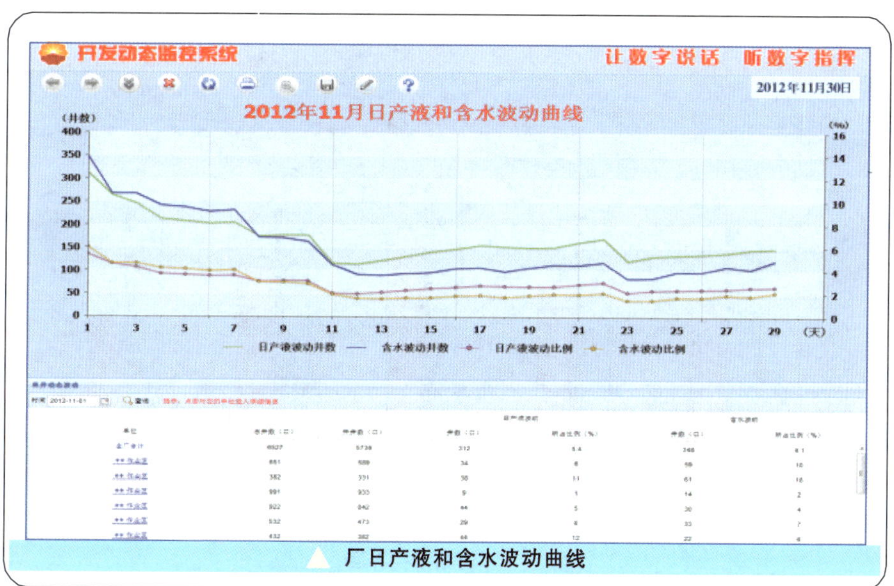

厂日产液和含水波动曲线

3. 开发指标

对原油产量、油田递减、含水率、采油时率及配注合格率进行监控，及时掌握和分析油藏月度、年度开发指标。

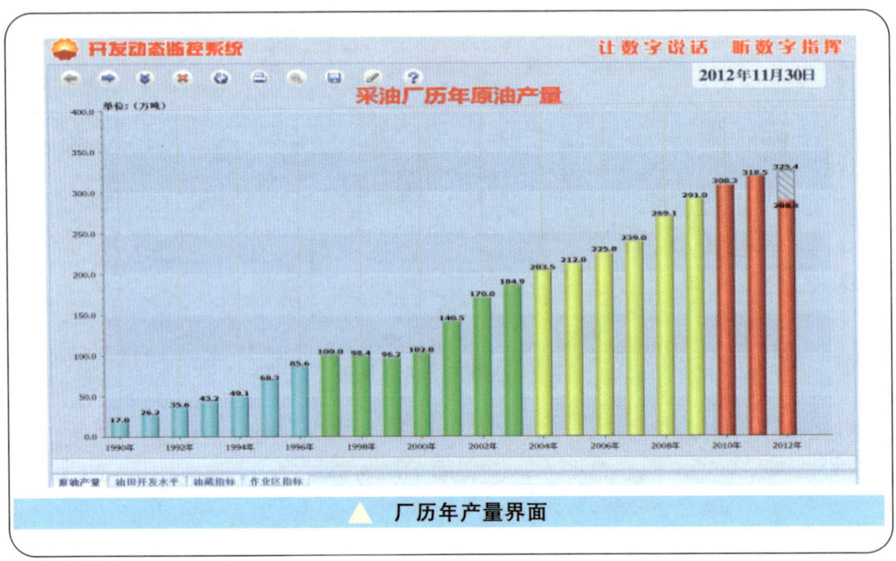

厂历年产量界面

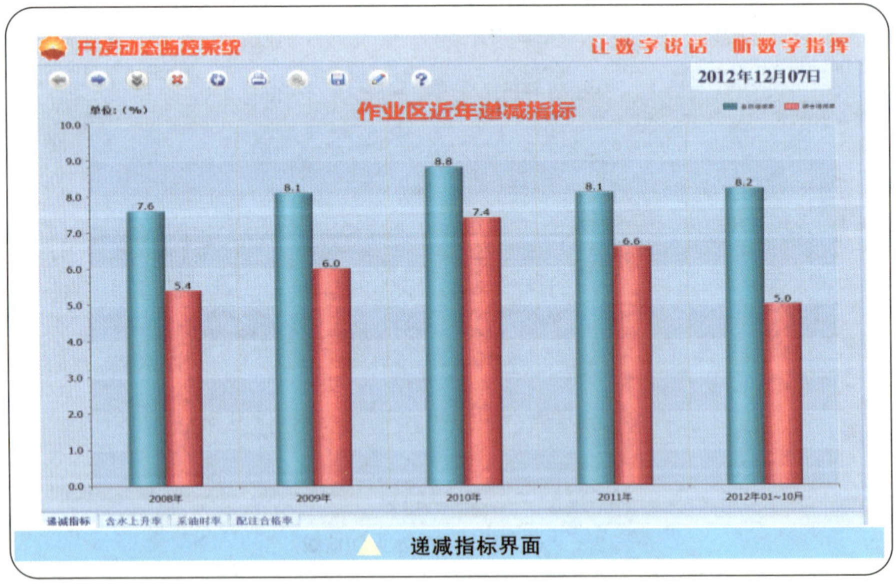

递减指标界面

二、三个中心的职能

根据数字化生产管理需要，建立完善的安全生产运行程序，分级设置不同岗位相应的职责和监控内容。“三个中心”对油气生产进行24小时实时监控，实现岗位功能与界面相统一。

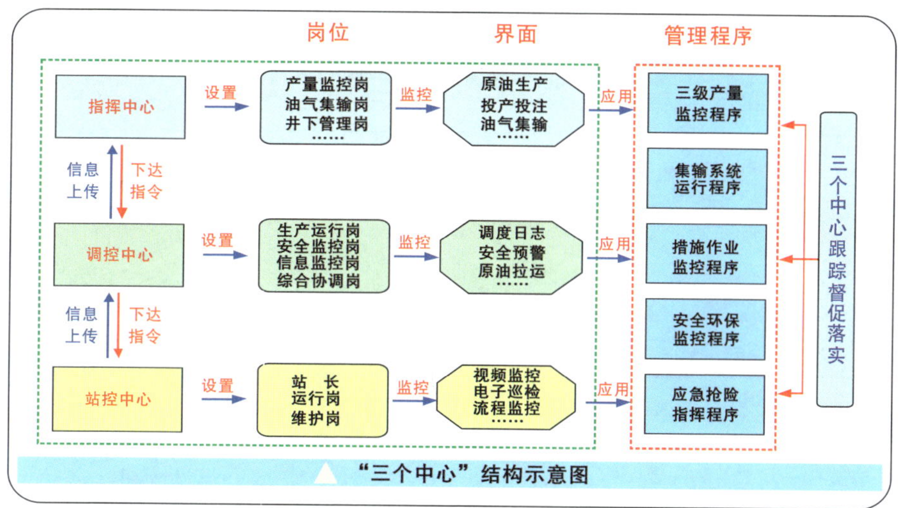

“三个中心”结构示意图

（一）指挥中心

对大站大库、输油泵、环境敏感区视频等重点环节进行管理和实时监控，对日常工作进行监督、协调、处理，安排落实重点工作，及时协调解决运行中出现的矛盾，做好信息的反馈及上传下达工作。

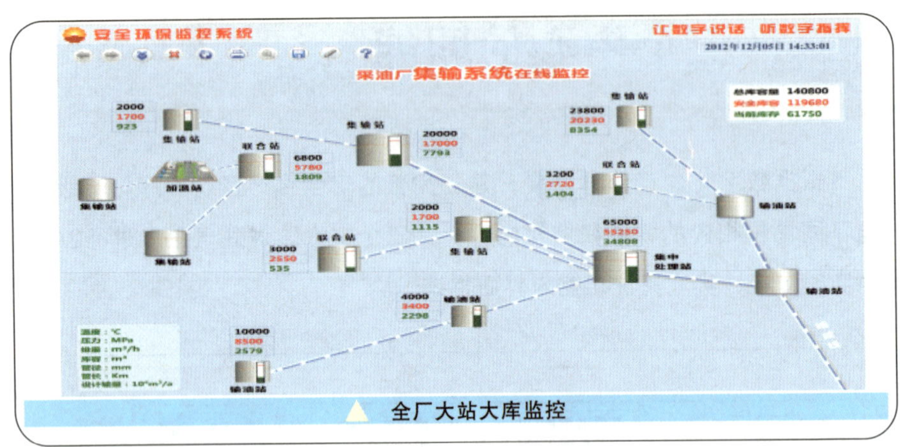

全厂大站大库监控

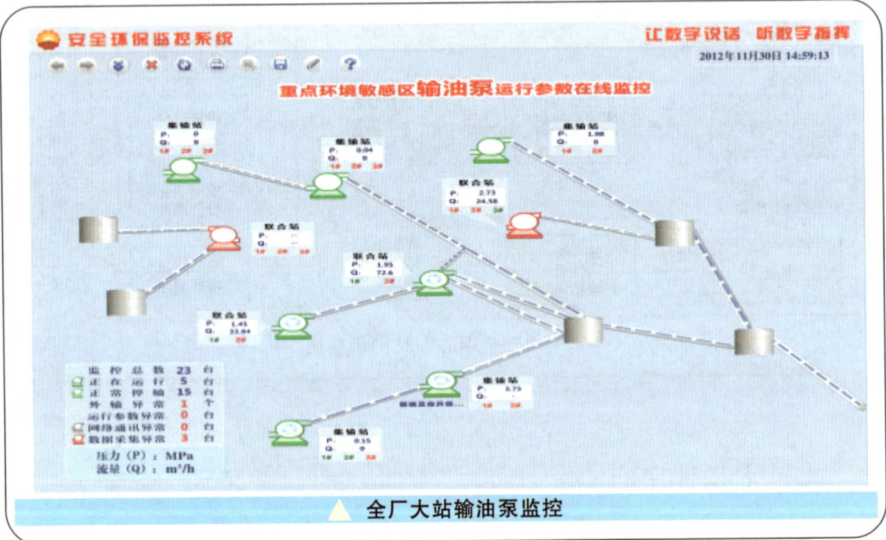

全厂大站输油泵监控

（二）调控中心

对所辖区域内安全生产、施工现场、站点视频、重点井场视频等进行监控，对作业区日常工作协调、落实，做好信息反馈，对预警信息落实、处理和上报。

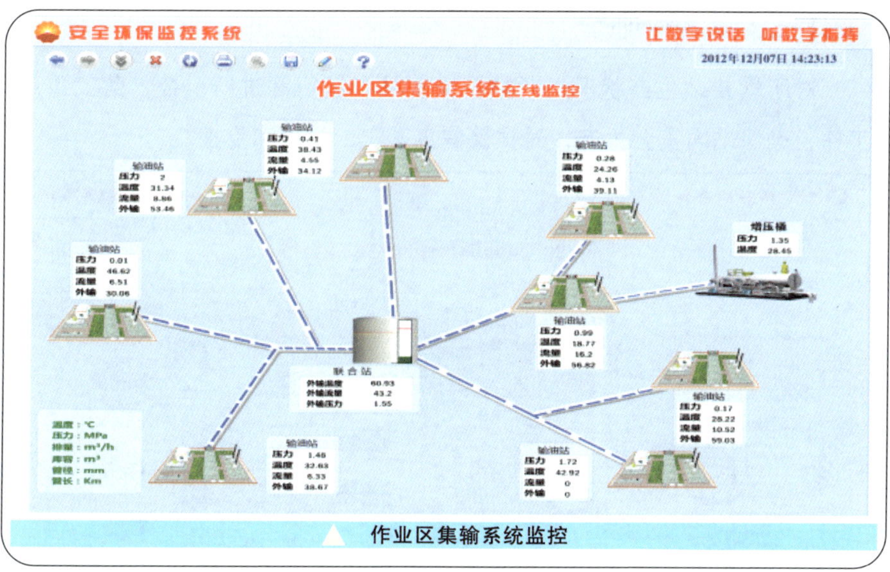

作业区集输系统监控

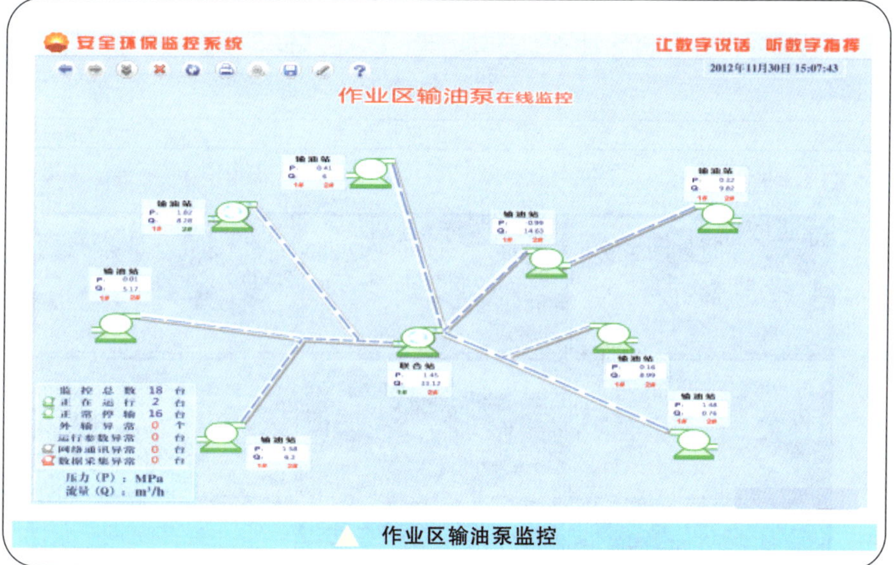

作业区输油泵监控

（三）站控中心

对所辖井站生产状况、场站视频、站点运行等进行监控，落实重点工作，确保站内安全生产，对预警信息落实、处理和上报。

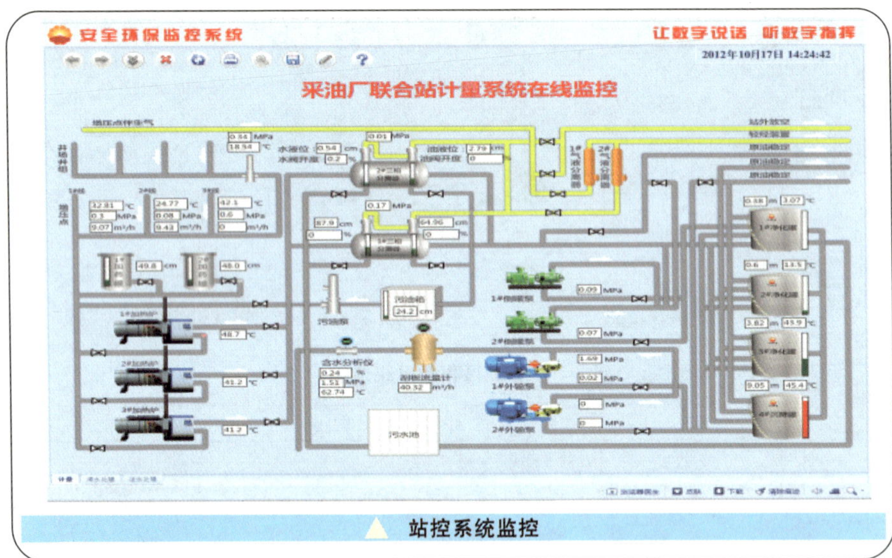

▲ 站控系统监控

▲ 井（站）视频监控

三、三个中心监控重点

三个中心通过数字化指挥系统，对生产过程进行实时监控，整理、分析反馈信息，及时、准确地向相关部门和岗位下达作业指令。

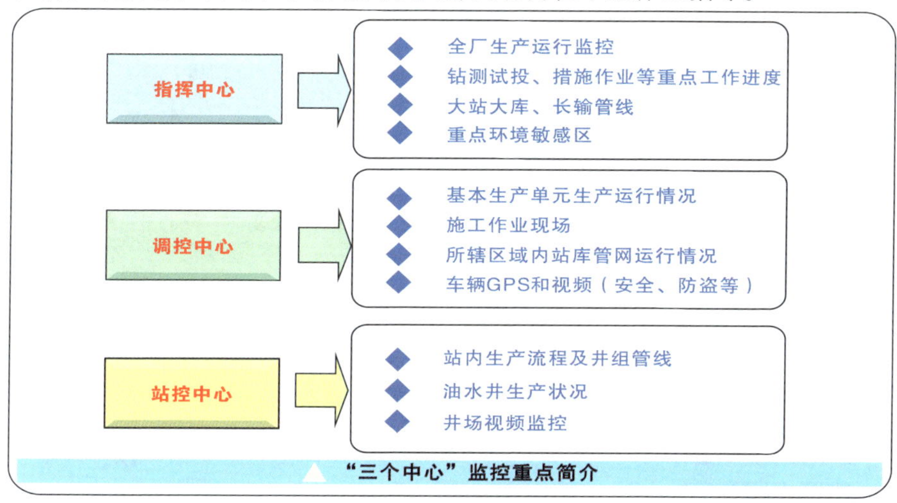

“三个中心”监控重点简介

（一）指挥中心监控重点

指挥中心数字化平台模块对应岗位重点监控原油生产、措施作业、重点环境敏感区等。

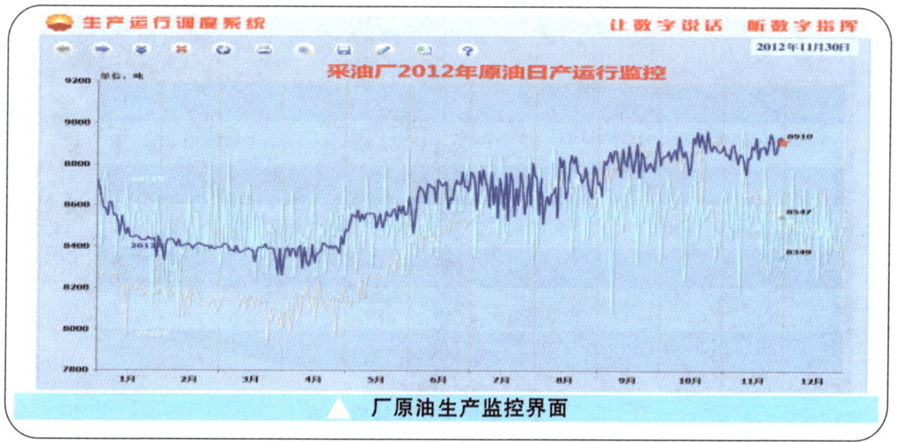

厂原油生产监控界面

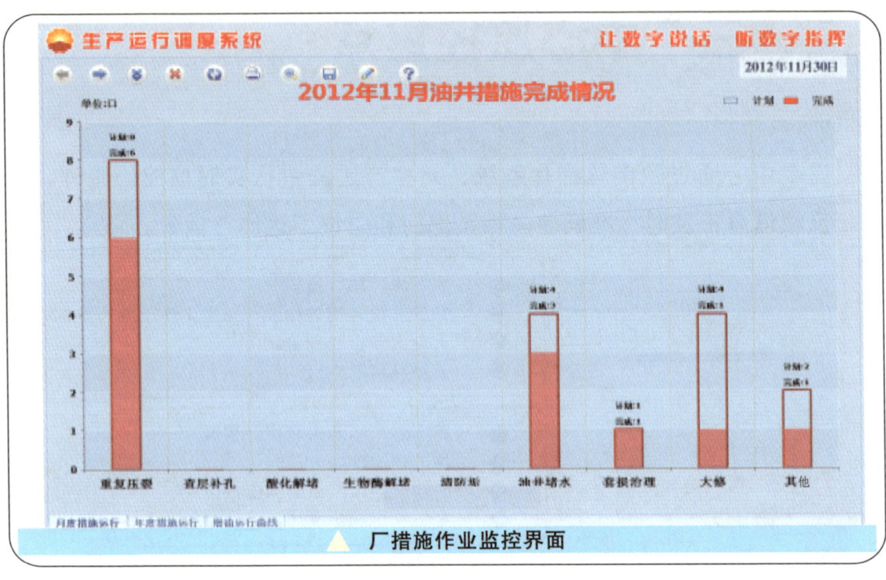

▲ 厂措施作业监控界面

▲ 重点环境敏感区视频监控

（二）调控中心监控重点

调控中心各监控岗位重点监控站点可燃气体、施工作业现场视频等内容。

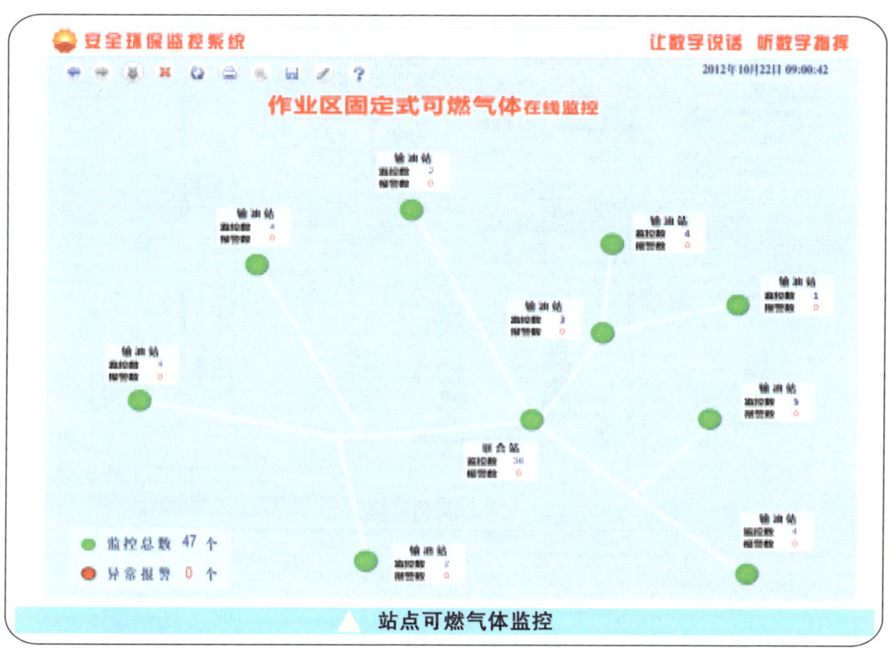

▲ 站点可燃气体监控

▲ 施工作业视频监控

（三）站控中心监控重点

站控中心重点监控站控平台系统运行情况和油水井工况动态变化。

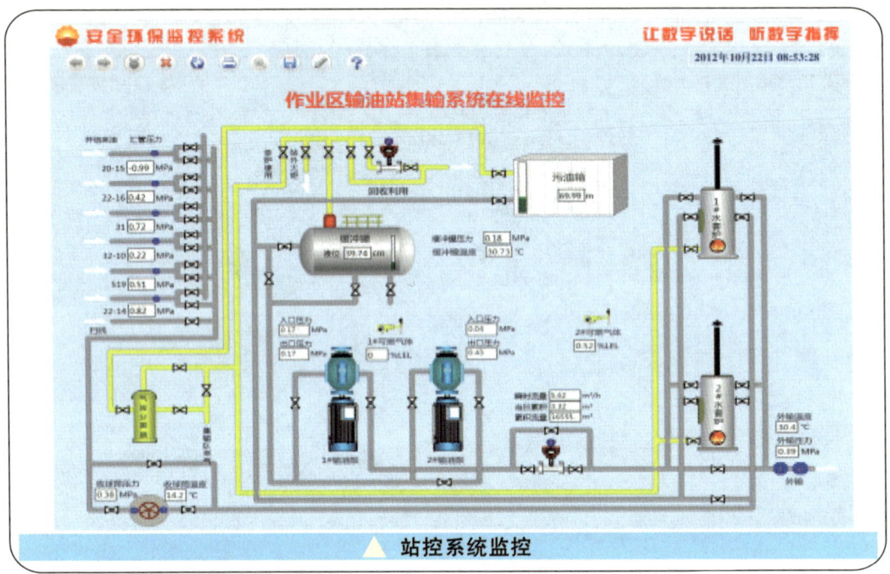

站控系统监控

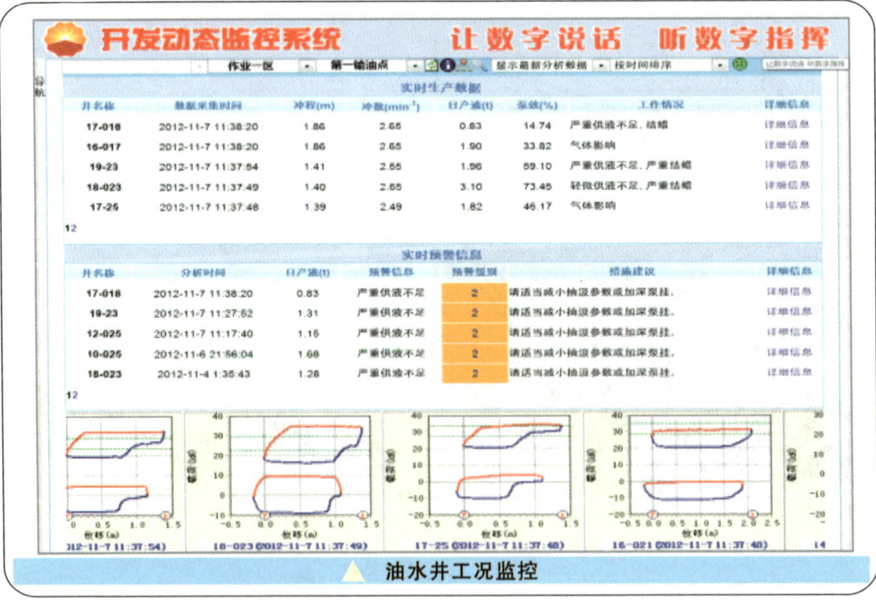

油水井工况监控

四、预警处置程序

根据数字化生产管理需要，实行预警分级管理。三个中心按职责分工，分级处置预警信息，指挥中心处置一级预警，监督处理二级预警；调控中心处置二级预警，监督处理三级预警；站控中心处置三级预警，紧急处置并上报一、二级预警，处置情况互相督促、共同监控，确保预警信息及时得到有效处置。

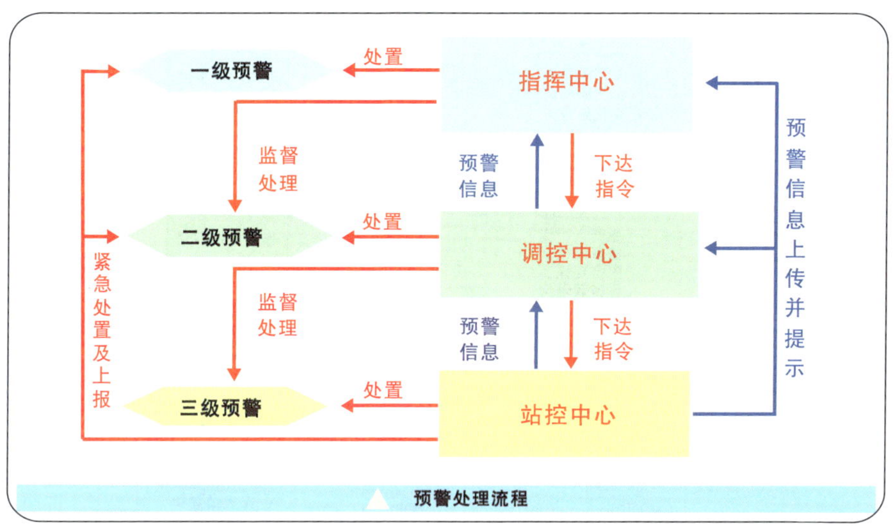

预警处理流程

五、数字化生产运行模式

以预警管理为基础，三个中心对生产过程进行实时监控，分析反馈信息，及时、准确向相关部门和岗位下达生产指令，形成以“三个中心”为中枢的生产运行模式。各职能部门通过系统平台，实现信息共享，对生产动态进行分析、管理，根据预警信息制定措施，并落实解决。

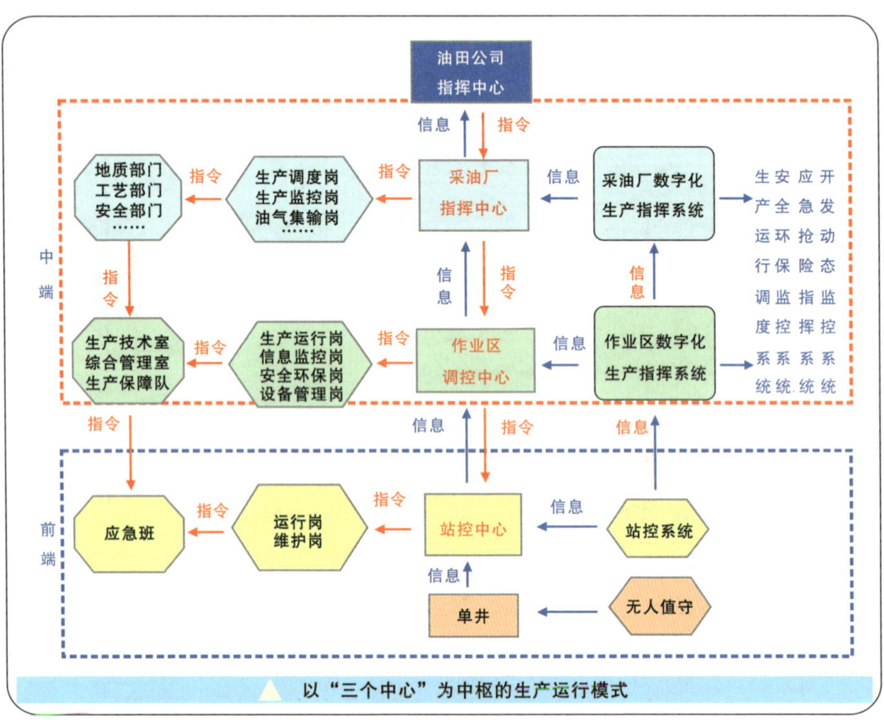

以“三个中心”为中枢的生产运行模式

（一）指挥中心运行模式

运用前端实时数据，对生产运行、安全环保、开发动态等重点环节进行管理和实时监控。根据预警信息，指挥中心督促、协调、检查、落实职能部门问题处置情况，保障生产安全受控运行。

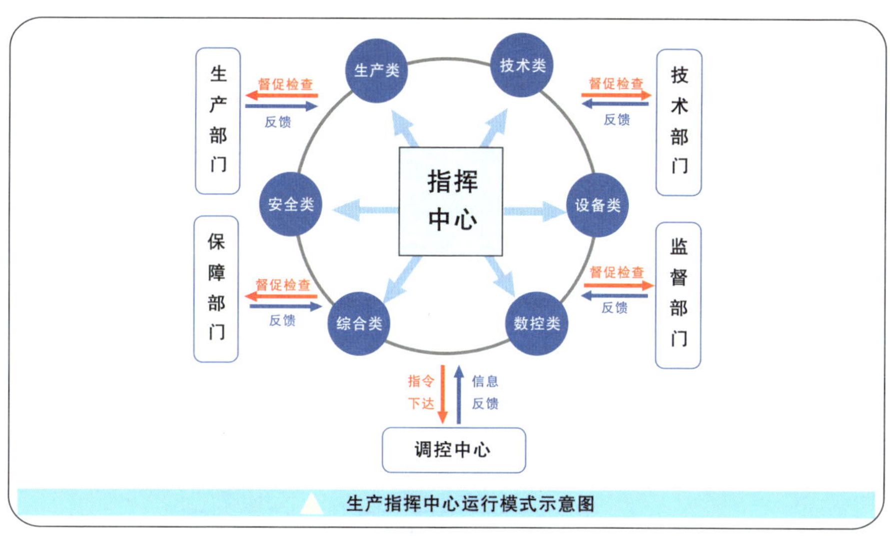

生产指挥中心运行模式示意图

（二）调控中心运行模式

运用前端实时数据，对生产任务、站点运行、作业现场、安全环保等重点环节进行实时监控和管理。根据预警信息，调控中心对存在问题协调处理、督促组室落实原因，问题处理跟踪检查，指挥预警紧急处置。

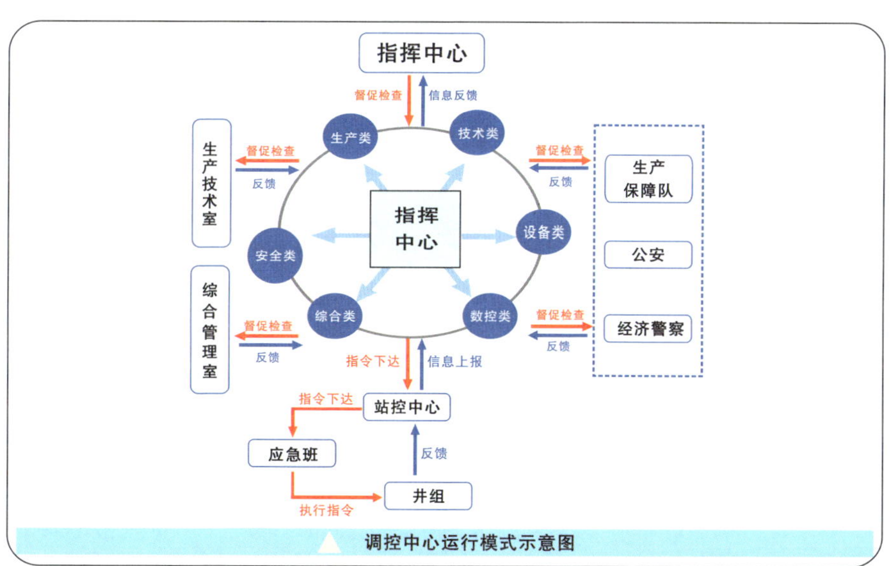

调控中心运行模式示意图

（三）站控中心运行模式

负责管理井（站）等各基本生产单元，通过监控界面对油水井生产、设备运行、井站安全环保、偷盗破坏等进行实时监控和运行控制，发现预警，紧急处置并上报。

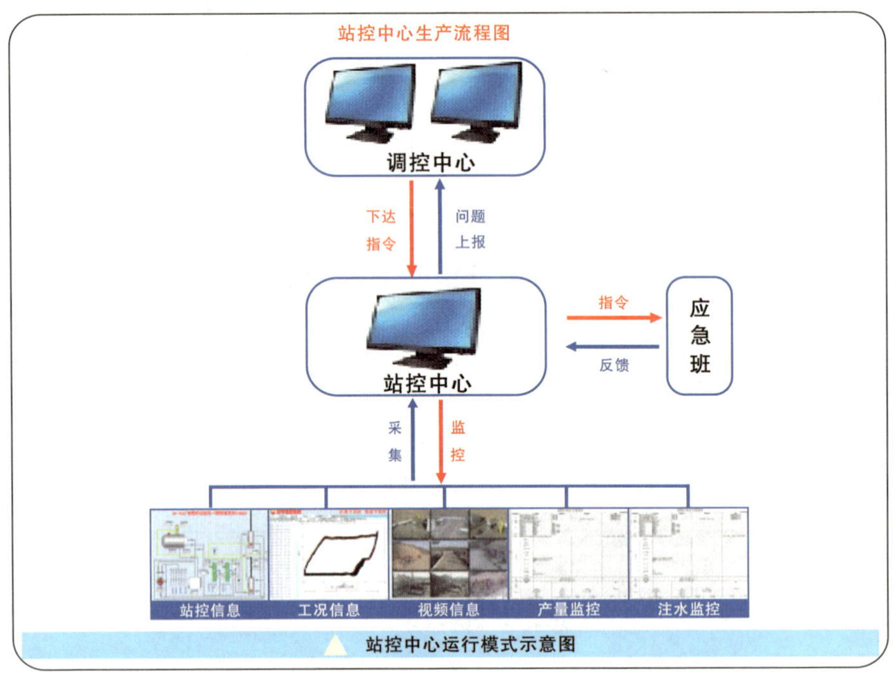

站控中心运行模式示意图

（四）“三个中心”运行实例

在数字化运行管理模式下，围绕安全生产总体目标，以“三个中心”为生产运行的中枢，应用数字化生产管理系统，统一协调、分路管理，对产量运行、施工作业、集输运行、安全环保等生产过程进行实时监控，准确掌握生产运行动态，直接指挥协调各类资源，减少问题处理程序，快速解决存在问题，缩短管理链条，提升生产组织运行效率。

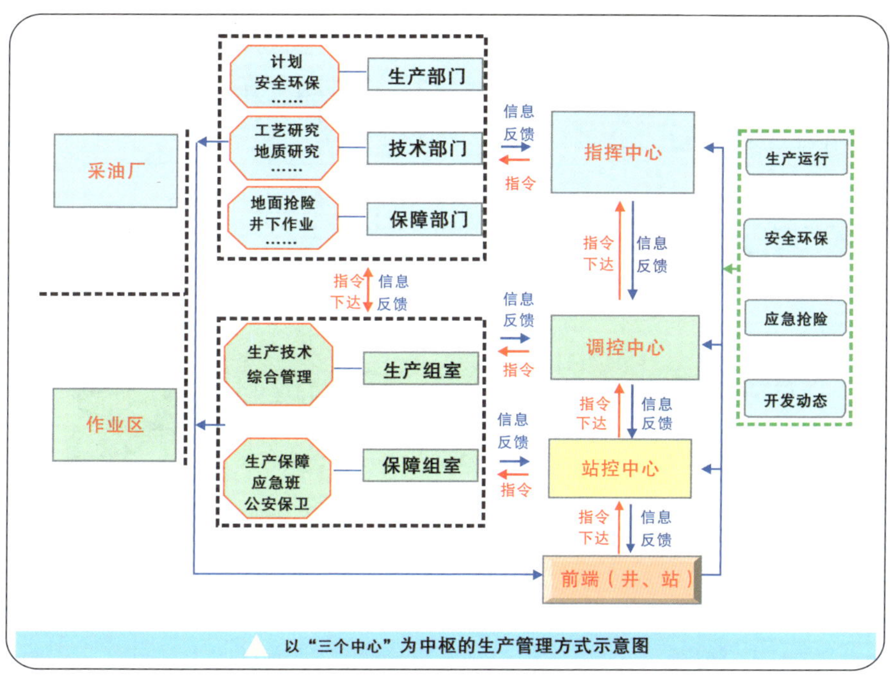

以“三个中心”为中枢的生产管理方式示意图

1. 原油生产监控

应用前端实时数据，对“井—站—区”产量运行实时监控，并建立“站控、调控、指挥”三级产量监控体系，设置预警参数，实行预警管理。

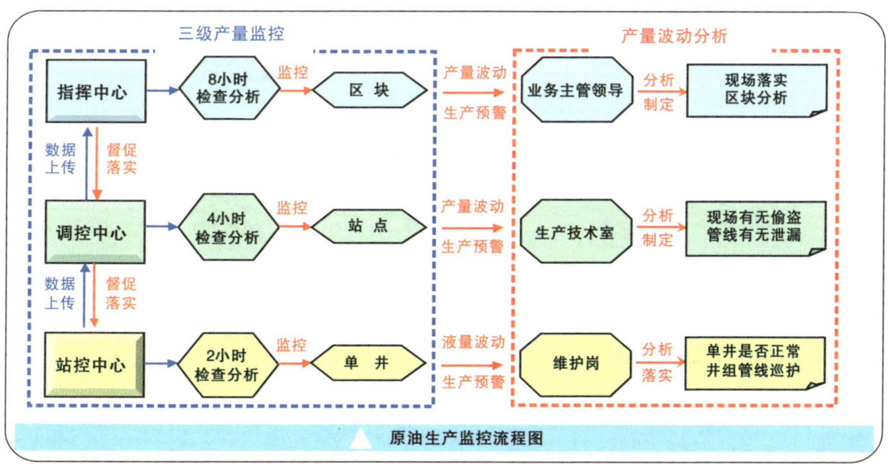

原油生产监控流程图

2. 措施作业管理

三个中心运用平台对措施方案编制、下发进行在线查询，通过视频对作业进度和重要工序进行监控、督促。

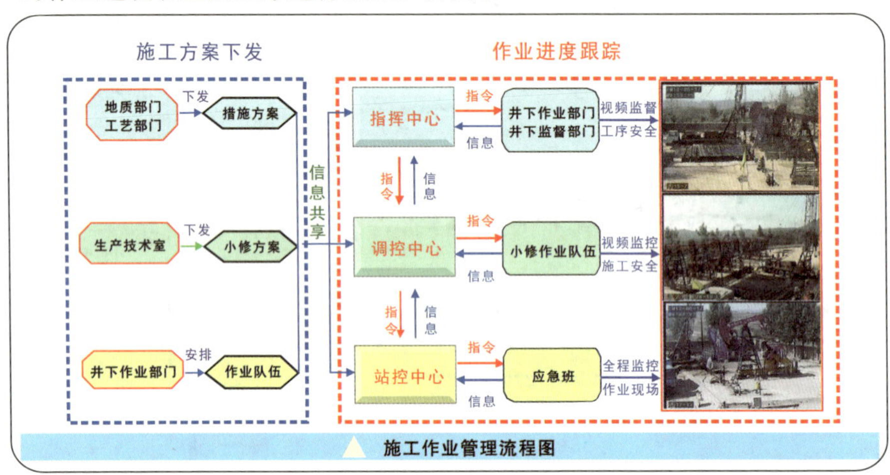

施工作业管理流程图

3. 视频监控

三个中心应用视频监控，分级监控生产现场。指挥中心主要是对大站大库重要设施和环境敏感区视频进行监控；调控中心主要对站点和重点井场进行监控；站控中心主要对本站点及所属井场进行监控。

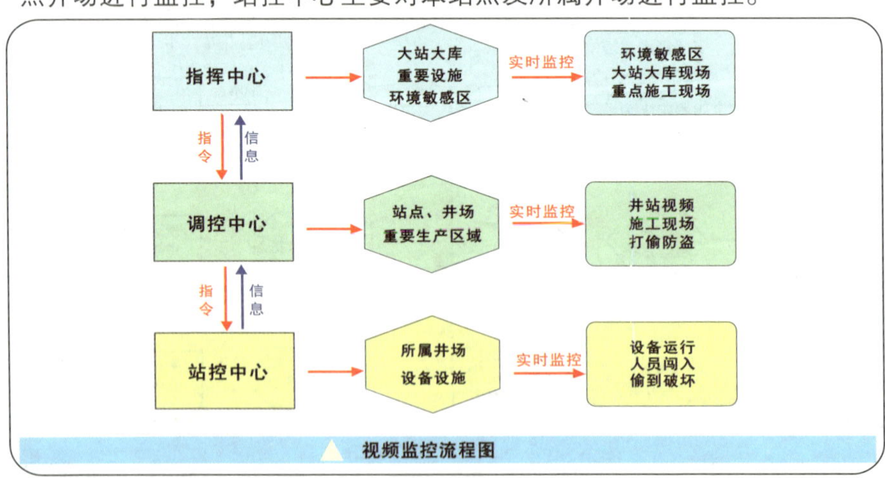

视频监控流程图

安全预警管理

AN QUAN YU JING GUAN LI

围绕前端、中端数字化建设的目标和任务，按照“及时发现、快速处置、有效控制”的原则，突出生产指挥、安全环保和应急抢险等监控运行，以集输单元管理为核心，以“三道防线、场站监控、车辆监控和预警处置”为手段，应用安全环保监控系统，建设油气集输、安全环保和应急抢险一体化的数字化安全环保监控系统，实现环境安全、工业安全、交通安全等重大风险的全面受控管理。

一、安全环保监控系统

（一）基本框架

安全环保监控系统由“三防四责、场站监控、车辆监控”三部分组成，设置10个监控界面，对环境安全、工业安全和交通安全进行“实时监控，超限预警”。

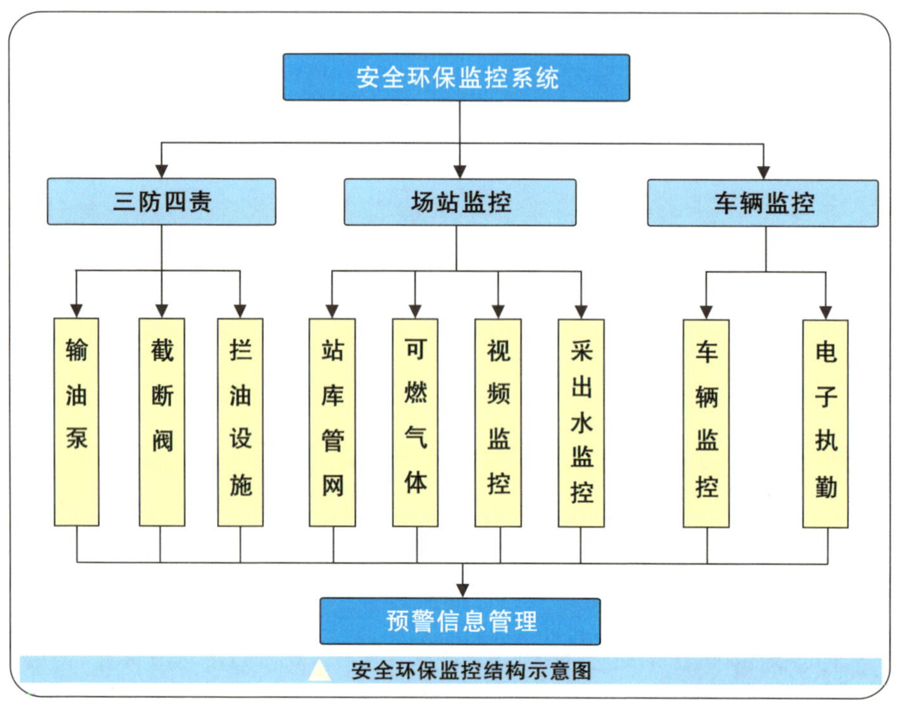

安全环保监控结构示意图

（二）岗位设置

以三个中心为中枢，按照“屏幕就是岗位的原则”，分级设置安全环保监控岗位，明确监控对象及监控任务。

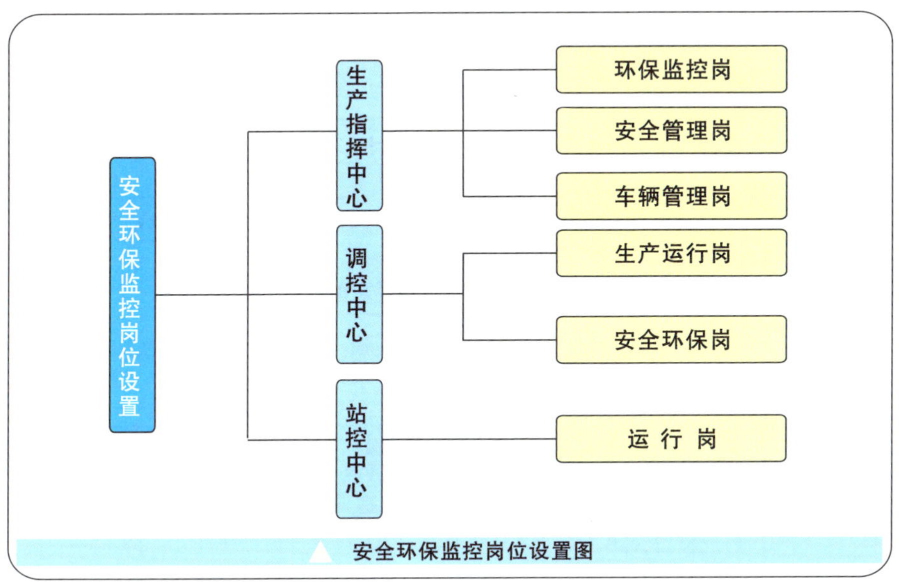

▲ 安全环保监控岗位设置图

（三）监控重点

1. 三级监控中心的监控区域

指挥中心：监控联合站及长输管线。

调控中心：监控油水站点及集输管线。

站控中心：监控所辖站点设施、输油及单井管线。

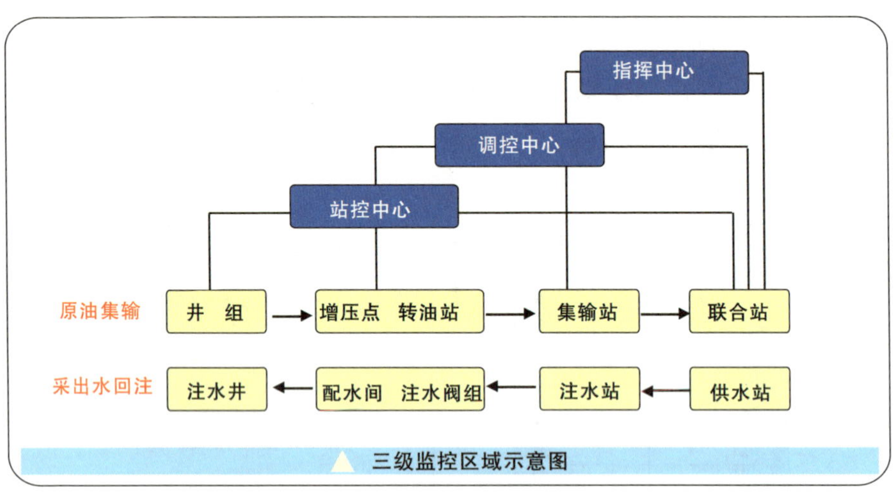

三级监控区域示意图

2. 三级监控中心监控重点

名 称	监控重点
指挥中心	(1) 全厂及各作业区生产运行监控 (2) 钻井试油、投产投注、措施作业等重点工作进度 (3) 大站大库、长输管线 (4) 环境敏感区安全环保
调控中心	(1) 基本生产单元生产运行情况 (2) 施工作业现场 (3) 所辖区域内站库管网运行情况 (4) 车辆GPS和视频（安全、防盗）
站控中心	(1) 站内生产流程及井组管线 (2) 油水井生产状况 (3) 井场视频监控（设备运行、井口泄漏、人员闯入、偷盗破坏等）

二、安全环保监控网络

数字化安全环保监控网络由专业督查、实时监控、业务监督三部分构成。其中专业督查由安全环保专业主管部门组成，即厂安全环保科、作业区安全环保岗；实时监控由三个中心的安全环保监控岗位组成，即指挥中心环保岗、安全岗、交通岗，调控中心安全环保岗；业务监督由机关部门、相关组室组成。

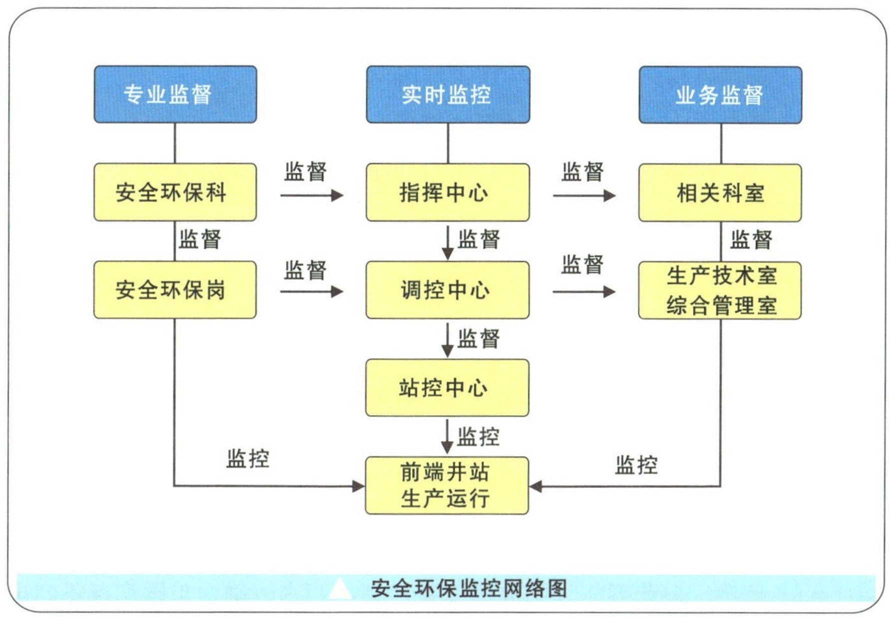

安全环保监控网络图

三、安全环保监控责任

（一）生产指挥中心安全环保监控职责

1. 生产指挥中心职责

（1）24小时实时监控全厂生产系统运行。

（2）向各作业区调控中心和相关单位、部门或人员下达作业指令。

（3）指挥处理一级预警信息，核查二级预警信息的处理情况，抽查三级预警信息的处理情况。

（4）督查各调控中心和相关科室安全环保监控职责的履行。

（5）协调各相关科室安全环保工作的落实。

（6）负责应急资源和应急预案的管理。

2. 环保监控岗职责

（1）监控大站大库输油泵压力、排量等参数和曲线。排查压力波动超出限值或出现预警原因，指挥基层单位处理。

（2）监控长输管线截断阀的开启度、阀前和阀后压力、温度。及时查找超限预警原因，协调处理存在问题。

（3）监控重要流域视频和重点河道溢油监测装置，及时上报和协调处理原油泄漏。

3. 安全管理岗职责

（1）监控厂总库容、大站大库库容、储罐明水，确保单罐库存不超出安全库存。

（2）监控大站大库和重点要害部位的可燃气体浓度，检查全厂可燃气体报警的处置情况，协调处理可燃气体报警装置故障。

（3）监控重点要害部位、重点施工现场。

（4）监控全厂采出水供注系统管网运行情况。

4. 车辆管理岗职责

（1）监控全厂车辆超速、超区域情况，制止违章并通报处罚，及时与软件公司沟通更新数据库。

（2）监控进入油区车辆，及时上报非法闯入车辆。

（二）调控中心安全环保监控职责

1. 调控中心职责

（1）24小时实时监控全区生产系统运行。

（2）对站控中心和相关组室、部门或人员下达作业指令，执行并反馈生产指挥中心指令要求。

（3）处理一级预警信息，指挥处理二级预警信息，核查三级预警信息处理情况。

（4）督查站控中心和相关组室安全环保监控职责的履行。

（5）协调相关组室安全环保工作的落实。

（6）负责全区应急资源和应急预案的管理。

2. 生产运行岗职责

（1）监控站点输油泵压力、流量等参数和曲线。排查压力波动超出限值或出现预警原因，指挥基层站、应急班处理。

（2）监控进入油区车辆，及时上报非法闯入车辆。

（3）监控现场工艺设备运行状态是否正常，监控现场人员作业情况。

（4）监控采出水的产出、供水、注水情况。

3. 安全环保岗职责

（1）负责本单位安全环保监控系统运行管理，及时处置预警信息。

（2）监控各站监控点可燃气体浓度，指挥处理可燃气体报警，协调处理可燃气体报警装置故障。

（3）监控车辆超速、超区域情况，制止违章并通报处罚。

（4）负责督查调控中心安全环保职责履行。

（三）站控中心安全环保监控职责

（1）监控本站输油泵压力、流量参数曲线，排查波动或报警原因，解决处理，上报调控中心。

（2）监控站内库容、储罐液位、明水、采出水系统。排查、处理异常或报警原因，上报调控中心。

（3）实时监控管辖井场及油水井运行情况。

（4）监控现场生产、施工、作业。及时向应急班上报异常情况；对人员闯入报警进行广播喊话警告；叫停违章作业。

（5）执行并反馈调控中心指令。

（6）紧急处置各类预警，并排查原因，上报调控中心，现场处理三级预警。

（四）安全环保部门监控职责

（1）负责全厂三防四责体系的规范运行，督促三道防线设备设施的维护。

（2）负责可燃气体检测仪的安装、维护、校验。

（3）负责车辆GPS的安装、维护，GPS违章通报。

（4）负责安全环保监控系统运行管理，处置重要预警信息。

（5）督查生产指挥中心安全环保职责的履行。

（6）督查作业区安全环保岗职责的履行。

（五）机关部门生产运行管控职责

（1）负责业务范围的现场监控，协助预警信息处置和违章处罚。

（2）负责全厂数字化系统维护，故障判断分析，处理信息上报。

（3）督查基层组室安全环保职责履行。

（六）作业区相关组室职责

1. 生产技术室职责

（1）负责业务范围内的现场监控，协助预警信息处置和违章处罚。

（2）针对现场发生的问题进行工艺安全分析，提出工艺改造意见。

2. 综合管理室职责

（1）负责业务范围内的现场监控，协助预警信息处置和违章处罚。

（2）组织对员工进行数字化相关知识和技能的培训。

3. 生产保障队职责

（1）负责数字化设备检测与定期维修、设备的更新，确保数字化设备正常运行。

（2）根据调控中心指令，处置并反馈生产现场突发险情。

4. 应急班职责

（1）负责日常安全检查、问题整改和跟踪。

（2）根据站控中心指令，处置并反馈生产现场突发险情。

四、安全环保监控运行

（一）三防四责监控运行

三道防线：

以输油泵为核心的系统参数预警报警、管道远程紧急截断和河道预防性拦油设施。

输 油 泵 第一道防线：对超限压力、排量报警和远程停泵。

截 断 阀 第二道防线：对长输管线远程紧急截断。

拦油设施 第三道防线：在水源和主要河流设置拦油设施。

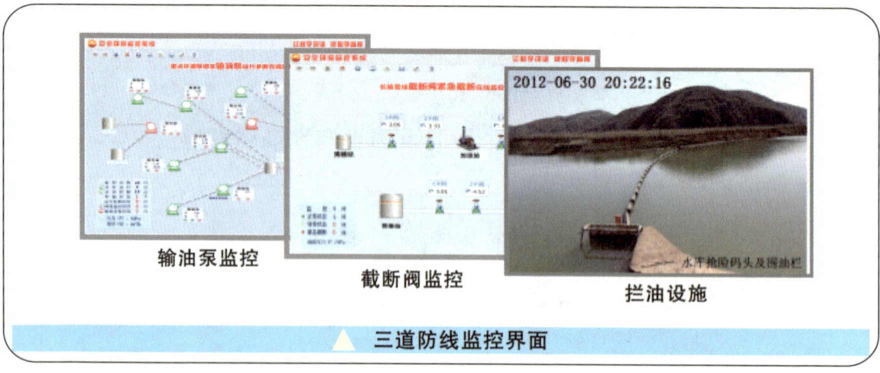

输油泵监控　截断阀监控　拦油设施

▲ 三道防线监控界面

四级责任：

地区公司、厂(处)、作业区(大队)、生产岗位四个层级的油气泄漏防治责任。

地区公司第一级责任：对主要河流和地市级饮用水源地等重点要害进行防控。

采油厂第二级责任：对辖区内河流、水库、长输管线防控。

作业区第三级责任：对所属区域内河道支流、站点、输油泵、管线进行防控。

生产岗位第四级责任：对所管站点、输油泵进行巡查防控。

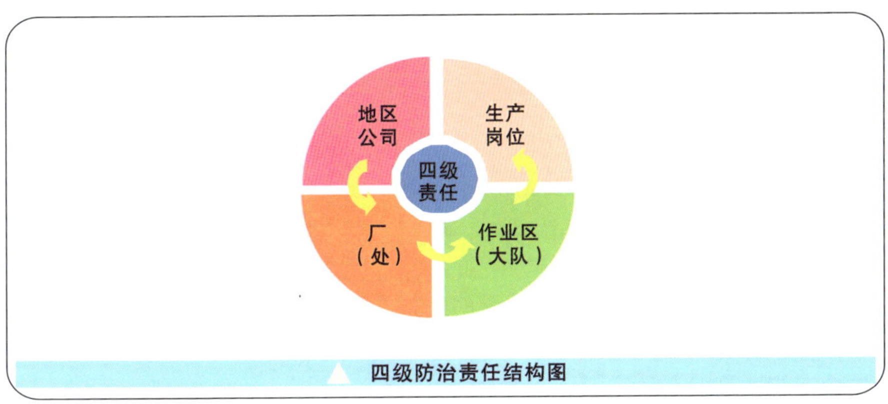

四级防治责任结构图

1. 三道防线监控

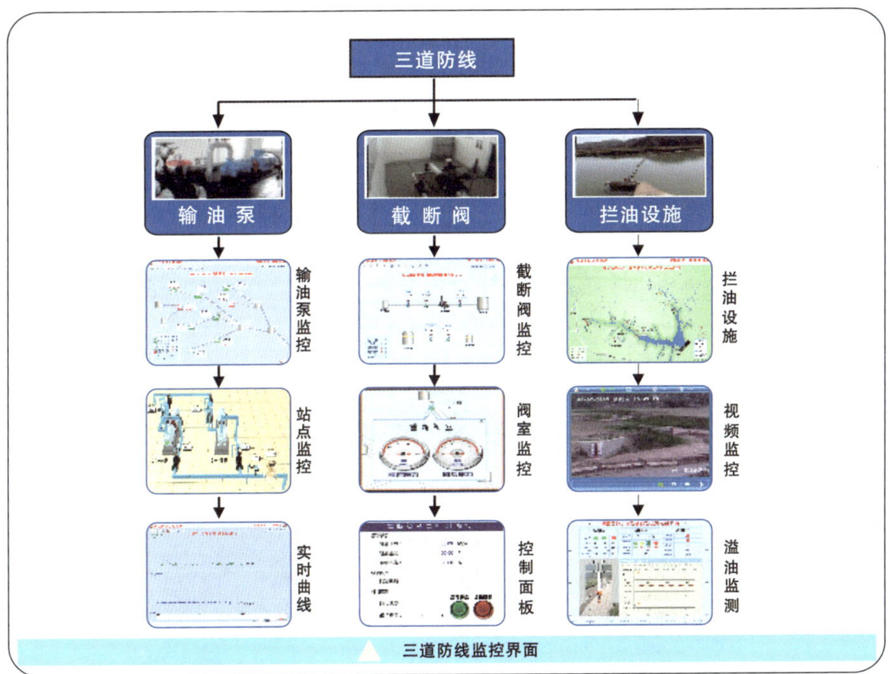

三道防线监控界面

2. 监控运行流程

“三个中心”分级负责三道防线的实时监控，分级处置预警信息，分级向安全环保部门、生产技术部门、生产保障队和应急班传达工作指令。

安全环保部门、生产技术部门负责三道防线的业务监控，协助预警信息处置，横向落实三个中心的工作指令，纵向安排工作任务，反馈执行结果。

生产保障队和应急班负责三道防线的维护管理和应急处置，及时向安全环保岗和站控中心反馈处置结果。

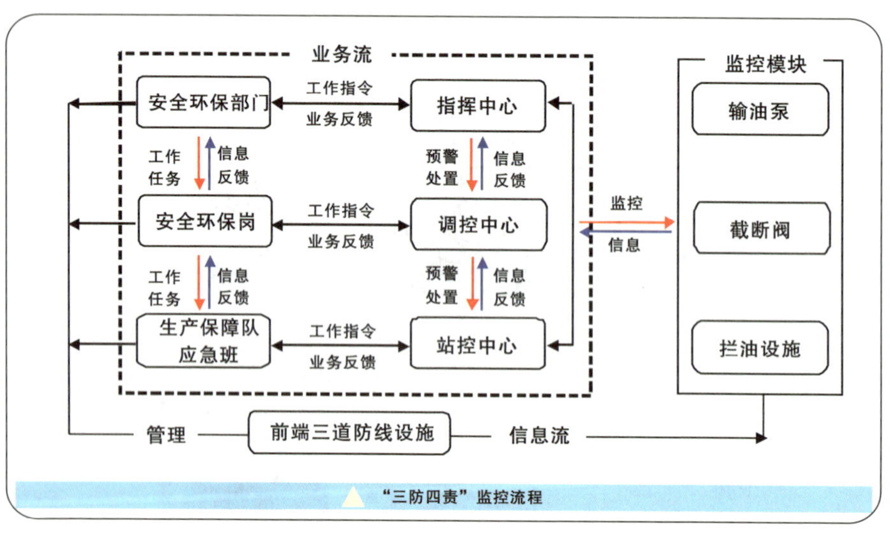

“三防四责”监控流程

3. 输油泵监控操作

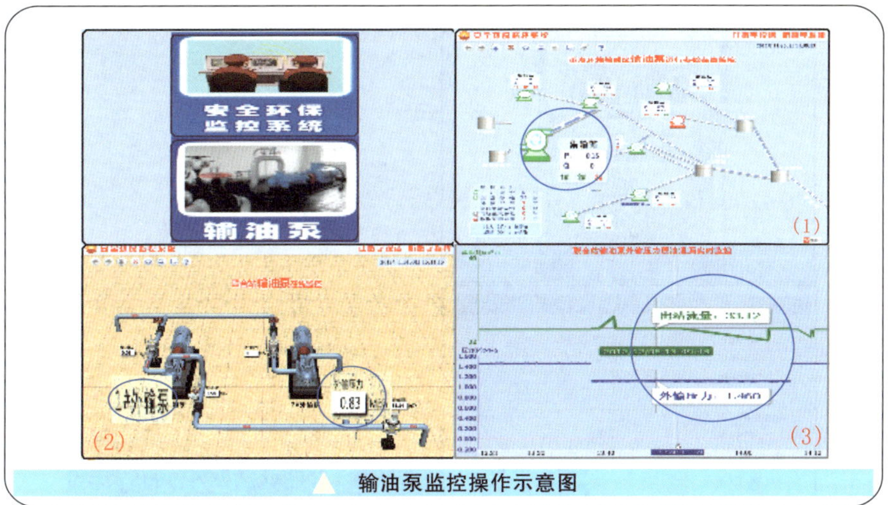

输油泵监控操作示意图

（1）一级监控界面：监控输油泵正常输油、停输的运行状态及压力、流量参数。

（2）二级监控界面：监控输油泵的运行状态、泵进出口压力、外输压力及流量。

（3）三级监控界面：监控输油泵的外输压力和流量曲线，曲线均设有报警上、下限，当压力或流量超过报警上限或低于报警下限时，系统自动报警。

4. 截断阀监控操作

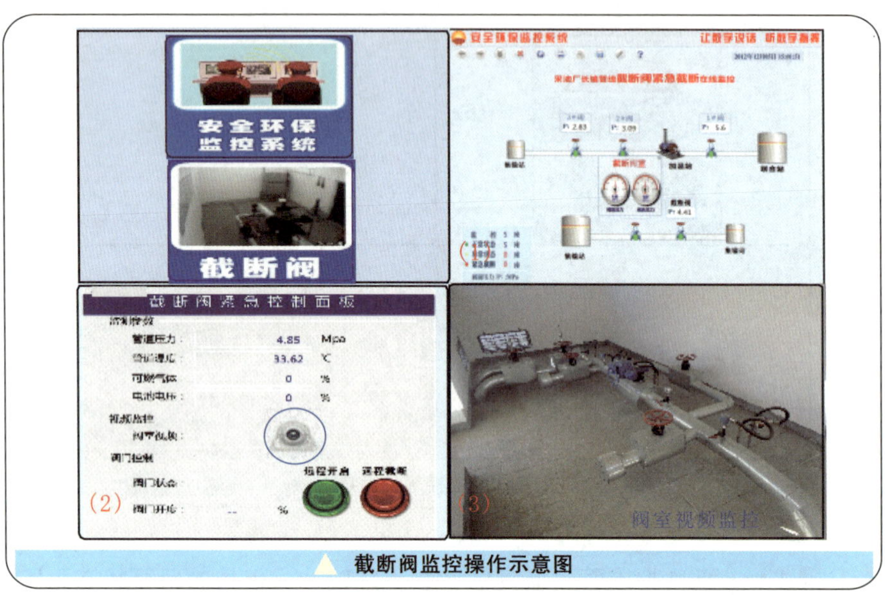

截断阀监控操作示意图

（1）一级监控界面：监控输油管线“截断阀”前后压力运行状况。

（2）二级监控界面：监控截断阀开启度、输油温度、管线压力、阀室内可燃气体浓度等参数；通过“远程开启”、“远程截断”进行远程操作。

（3）三级监控界面：监控阀室内实时情况。

5. 拦油设施监控操作

在环境敏感区域设置拦油坝、拦油桩，建设抢险码头，安装视频监控、河道溢油监测装置，建立应急抢险物资储备库及王窑水库水上应急救援中心，全面提升了环境敏感区油气泄漏防护能力。

拦油设施监控操作示意图

（1）一级监控界面：查看拦油设施、应急物资储备点、视频监控及溢油监测装置的具体位置，可及时调度应急资源、区域联动、就地拦截、快速处置。

（2）视频监控界面：实时监控该区域具体情况。

（3）物资监控界面：监控应急物资储备及完好情况。

（二）工业安全监控运行

对站库管网、可燃气体、生产现场实时监控，分级预警、分层处置，分类消除管理问题，实现工艺、设备和施工现场的全面受控管理，提高工业安全管理水平。

1. 工业安全监控

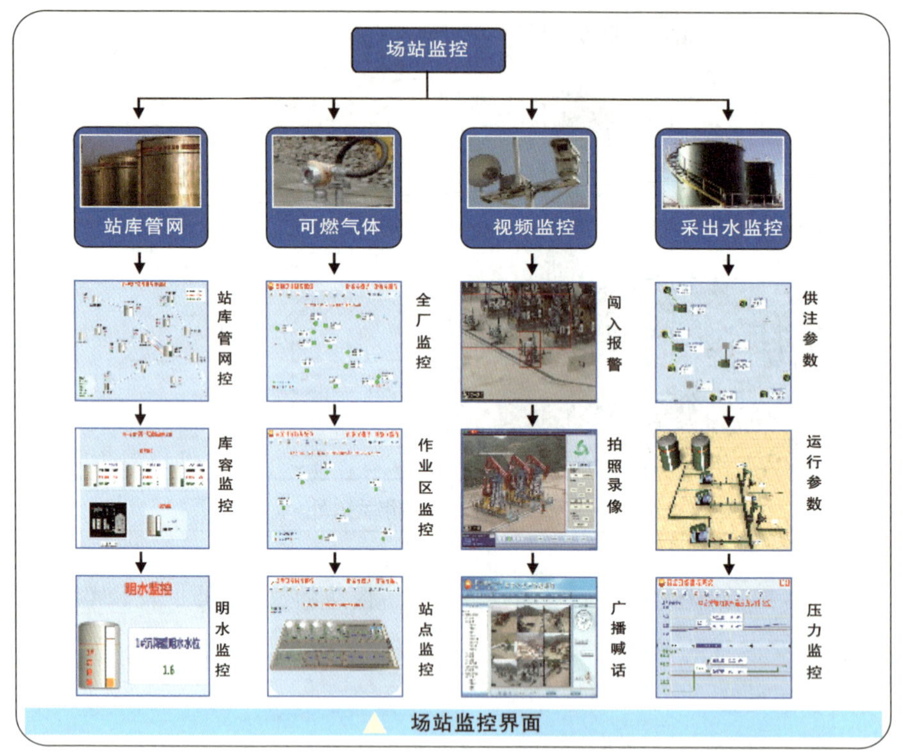

场站监控界面

2. 监控运行流程

“三个中心”分级负责工业安全的实时监控，分级处置预警信息，分专业向相关科室、生产技术室、生产保障队和应急班传达工作指令。

指挥中心、工艺技术部门和作业区生产技术室负责站库管网监控和管理，安全环保部门和生产技术室负责可燃气体监控和管理；相关科室、生产技术室负责场站与业务相关的视频监控和各项施工管理，协助预警信息处置，横向落实三个中心的工作指令，纵向安排工作任务，反馈执行结果。

作业区生产保障队和应急班负责工艺设施的维护管理和生产现场的应急处置，及时向生产技术室和站控中心反馈处置结果。

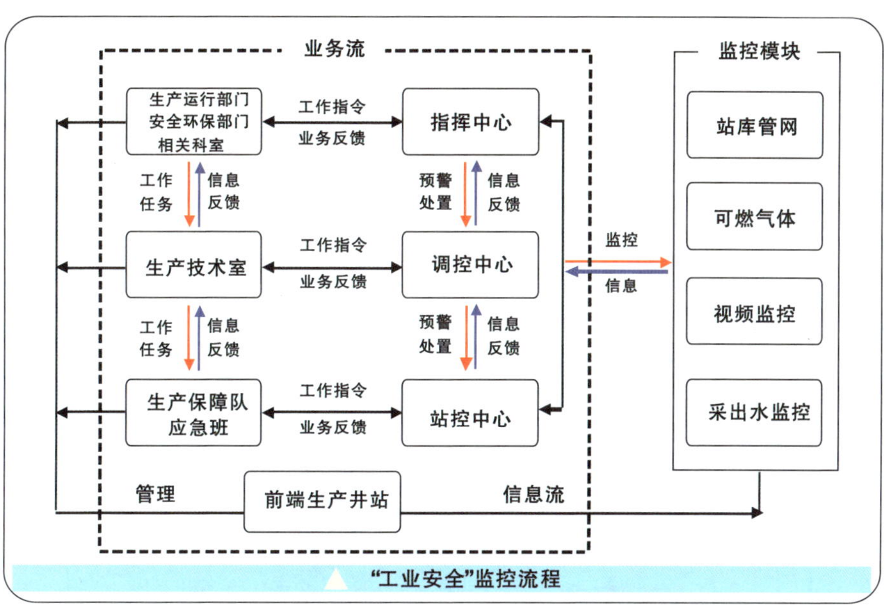

"工业安全"监控流程

3. 站库管网监控操作

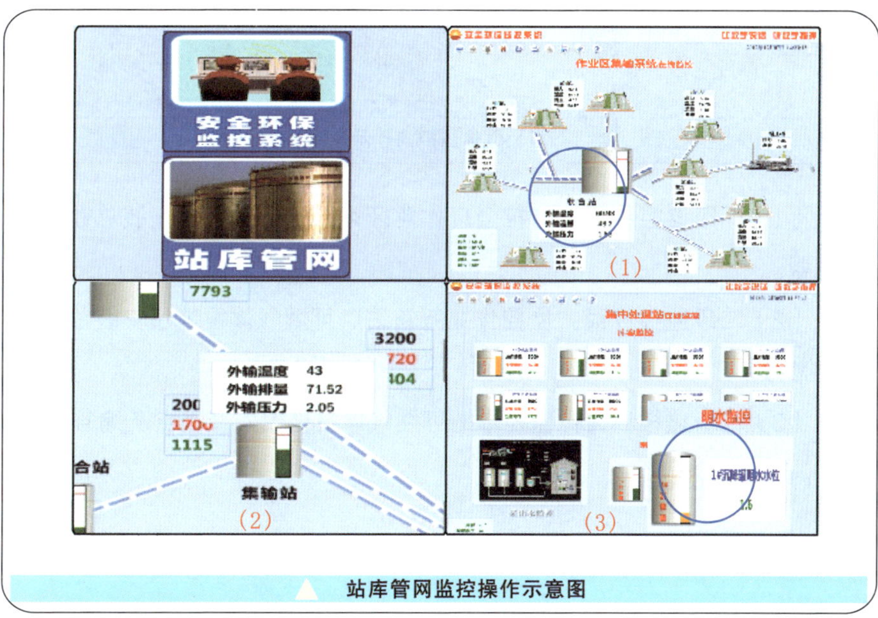

站库管网监控操作示意图

（1）一级监控界面：监控全厂总库容、各站库容和站间管线基础数据。

（2）外输监控界面：监控本站外输温度、排量及压力。

（3）二级监控界面：监控本站总库容、各储罐库容及明水液位。

4. 可燃气体监控

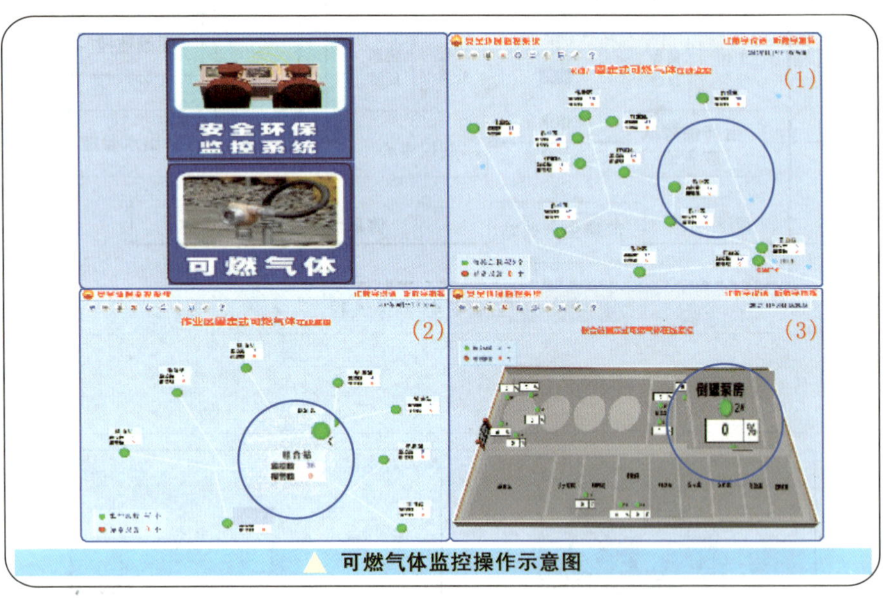

可燃气体监控操作示意图

（1）一级监控界面：监控全厂作业区可燃气体报警仪安装总数和报警总数。

（2）二级监控界面：监控作业所辖站点可燃气体报警仪安装总数和报警总数。

（3）三级监控界面：监控本站可燃气体报警仪安装地点及编号。

5. 视频监控操作

通过视频监控界面，监控设备运行、施工作业、措施作业等。

视频监控操作示意图

6. 采出水监控操作步骤

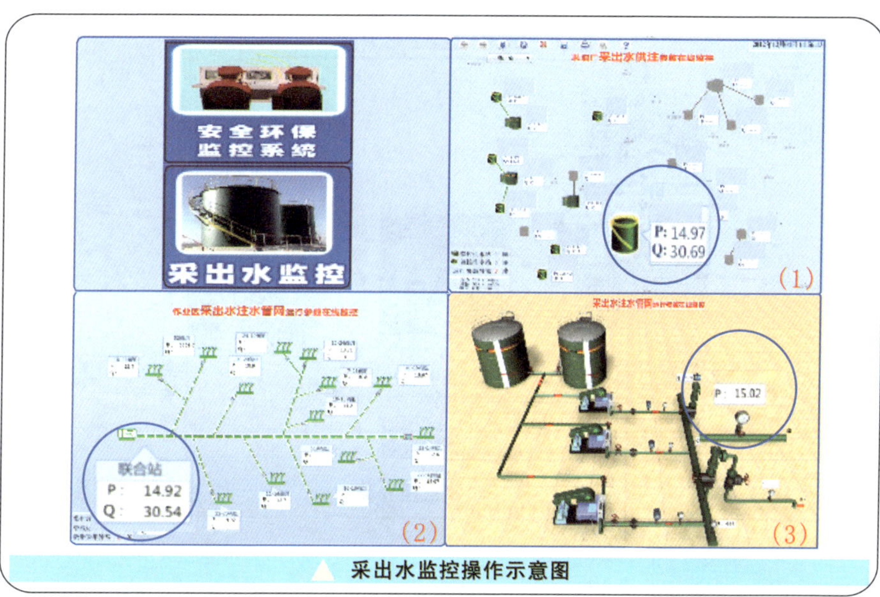

采出水监控操作示意图

（1）一级监控界面：监控全厂采出水供水管网、各污水注水压力和流量。

（2）二级监控界面：监控该站所属作业区的供注水管网情况和供水站、注水站、配水间的注水压力及流量。

（3）三级监控界面：监控注水站及阀组的压力、流量；点击压力值图标，查看压力、流量实时曲线变化情况。

（三）交通安全监控运行

生产指挥中心、调控中心、车队调派岗对生产运行车辆进行实时监控，采油厂、作业区、车队实施属地管理，纠正违章驾驶、违章调派，提高交通风险预防能力。

1. 交通安全监控

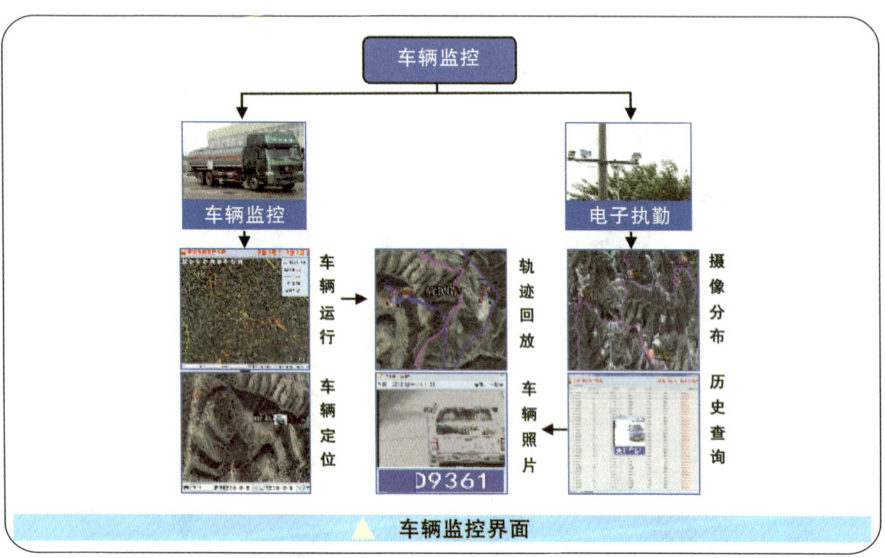

车辆监控界面

2. 监控运行流程

指挥中心、调控中心和车队调派岗负责本单位车辆的实时监控、报警处置，分级向安全部门、作业区安全环保岗传达工作指令。安全部门、车队负责交通安全的业务监控和管理，协助预警信息处置，横向落实指挥中心和调控中心的工作指令，纵向安排工作任务，反馈执行结果。车队的车辆调派岗和车辆驾驶员之间及时进行工作指令、信息的沟通和传达。

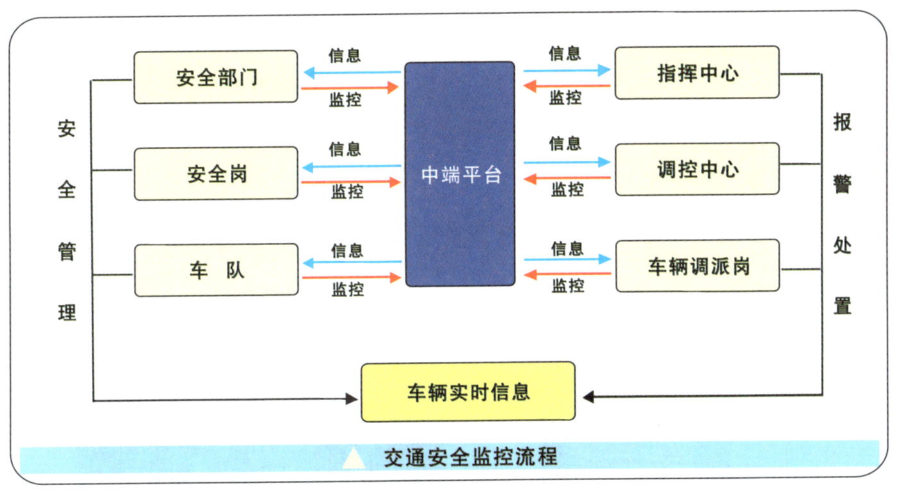

交通安全监控流程

3. 车辆监控操作

车辆监控操作示意图

（1）监控界面1：实时监控全厂车辆的速度、位置等行驶情况，当车辆越界、超速行驶时，系统自动报警。

（2）监控界面2：确定车辆具体位置、车辆类型、所属单位、所属机构等车辆信息。

（3）监控界面3：监控、查询车辆所选时间段内的行驶轨迹。

4. 电子执勤操作

电子执勤操作示意图

监控界面：查询任意历史时间段内通过此路段车辆的车牌号码、车辆照片。

（四）预警处置监控运行

1. 预警分级

预警分为一、二、三级，实现不同条件下的分级、多点预警，在指挥中心、调控中心和站控中心分级报警，通过调度日志集中管理。

2. 预警处置流程

发生异常情况时，前端采集预警信息，指挥中心、调控中心、站控中心同时报警：一级预警信息由指挥中心指挥处置，调控中心现场处理，站控中心应急处置；二级预警信息由调控中心指挥处置，站控中心应急处置，指挥中心核查；三级预警信息由站控中心指挥处置，应急班

协助处理，调控中心核查；应急班负责一、二、三级预警信息的现场应急处理。

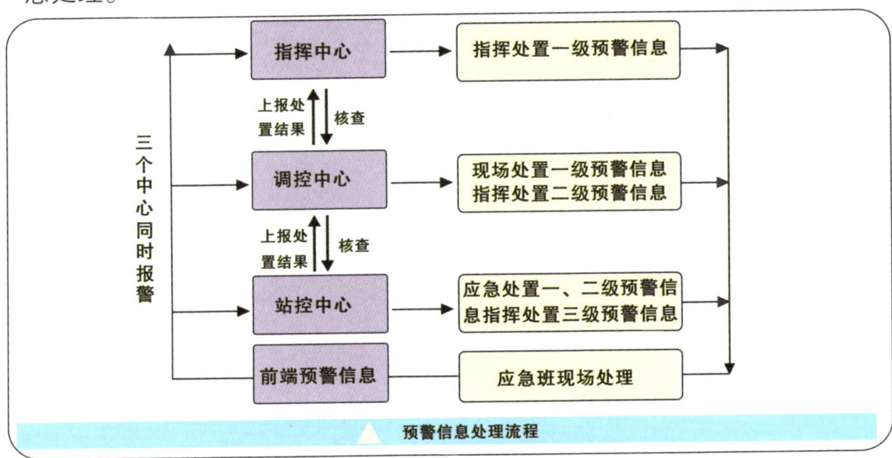

预警信息处理流程

3. 应急处置程序

预警信息发布后，现场作业人员判别报警情况，消除系统误报、参数设置等问题。若无法恢复正常，通过岗位人员紧急处置、报应急班现场处置。报警仍无法消除，启动应急预案，实施应急抢险。

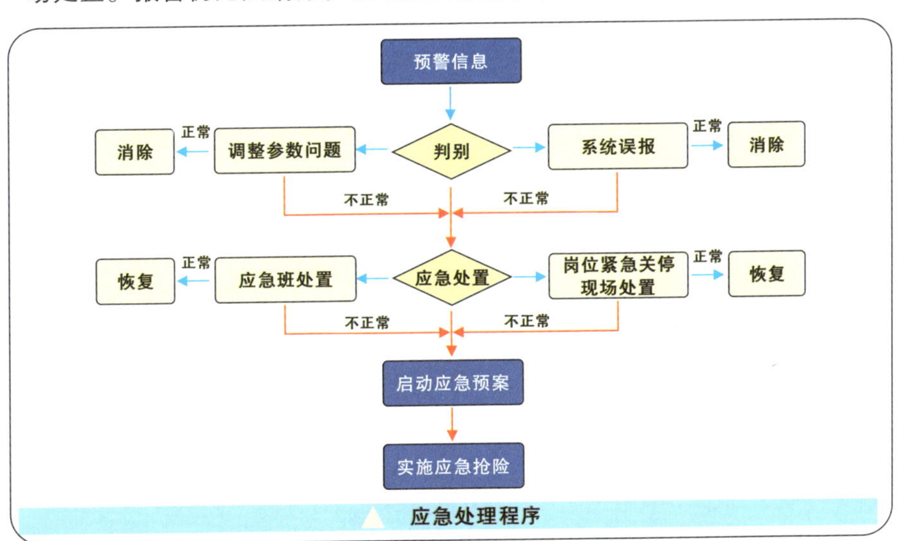

应急处理程序

数字化运维管理

SHU ZI HUA YUN WEI GUAN LI

提高现场维护和故障判别能力，将班站、作业区、厂部作为维护主体，培养维护人员，建设数字化自主维护力量，分级分类解决系统运行故障，提高现场维护效率，保障数字化系统平稳、高效运行。

一、数字化运维体系职能

按照“统一规划、分级负责、以我为主、依托市场”的原则，明确职责、理顺程序，建立数字化运维组织架构。

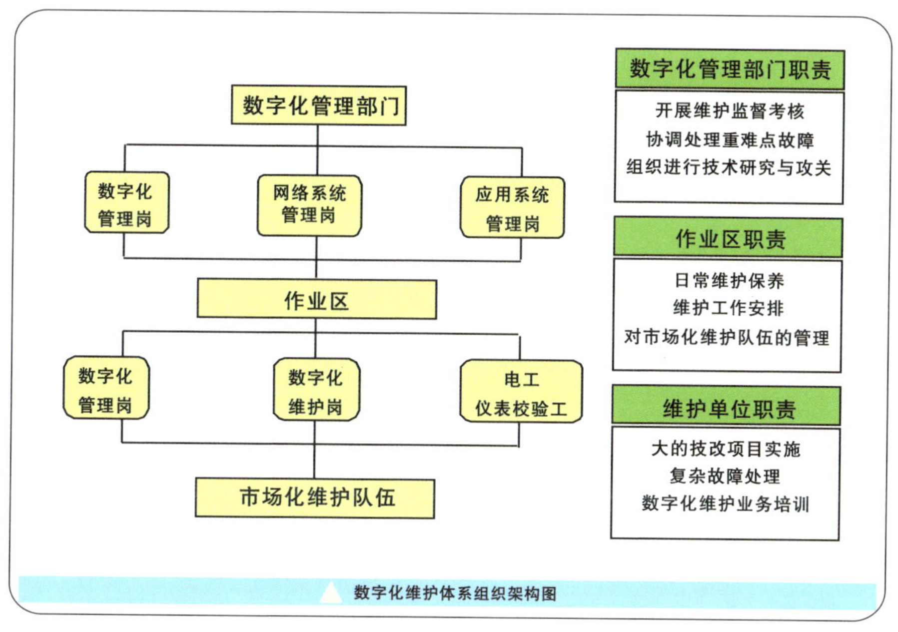

数字化维护体系组织架构图

（一）数字化管理部门职能

负责运行维护监督考核，协调处理重点难点故障，组织进行技术研究与攻关。

（二）作业区职能

负责区域内数字化设备设施的日常管理与维护工作。调控中心、生产保障队和应急班设置数字化运行维护相关岗位。

1. 调控中心主要职能

负责对生产现场的监控、各类报警、重大问题的及时处理与上报，并进行生产指令的下达。

2. 生产保障队主要职能

负责数字化设备设施的日常检查维护，以及仪表设备的检定校验工作。

3. 应急班主要职能

负责数字化设备设施的检查、维护、清洁等工作，并协助生产保障队进行故障排除。

（三）市场化维护队伍主要职能

市场化专业维护队伍主要承担各作业区受技术力量、人员配置等客观条件制约无法及时完成的数字化运行维护工作量。

二、数字化运维管理方式

（一）自主维护管理

将班站、作业区、采油厂作为维护主体，建立分类管理、分级处置、两级考核的自主维护管理模式。

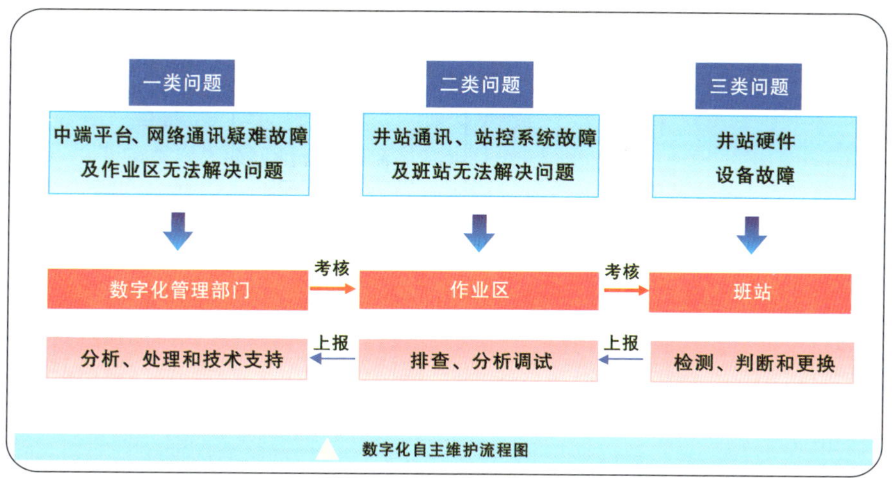

数字化自主维护流程图

（二）市场化维护管理

对于受客观条件制约无法完成的数字化运行维护工作，采取“产品服务一体化”和“区域竞争”的维护管理模式，并根据服务质量进行考核评比。

数字化抽油机及增压橇
井口采集设备
产品服务一体化
稳流配水装置
无线网桥
自动投球装置
对于数字化集成、自控通信等专业设备，由设备制造商进行专业化维护。
市场化队伍甲
采油作业一区
市场化队伍乙
区域竞争服务
市场化队伍丙
采油作业二区
市场化队伍丁
开展技术服务竞争，实行末位淘汰。
数字化市场维护结构图

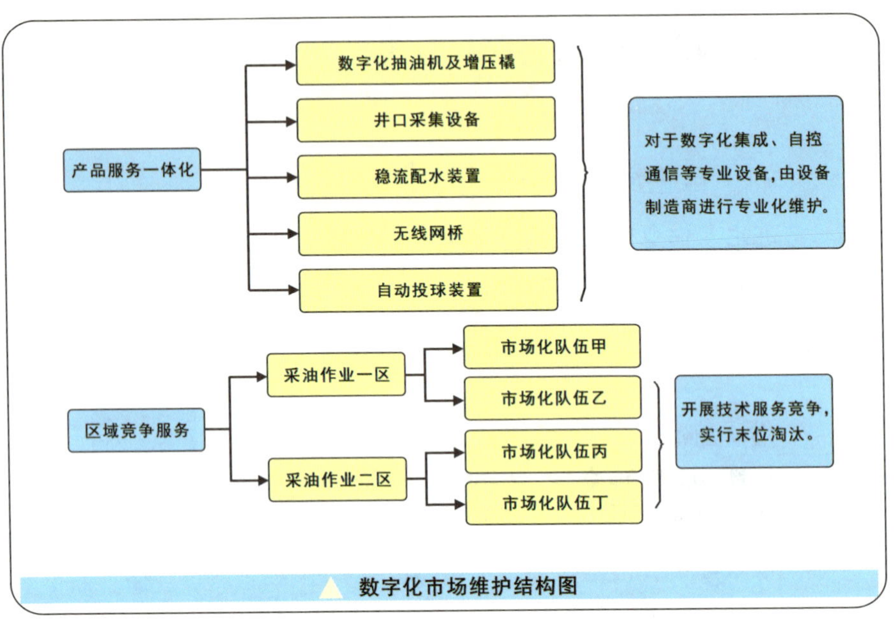

三、数字化运维作业流程

根据“谁建设、谁使用、谁管理”的建管用一体化原则，形成以三个中心为中枢的“三级维护体系”。

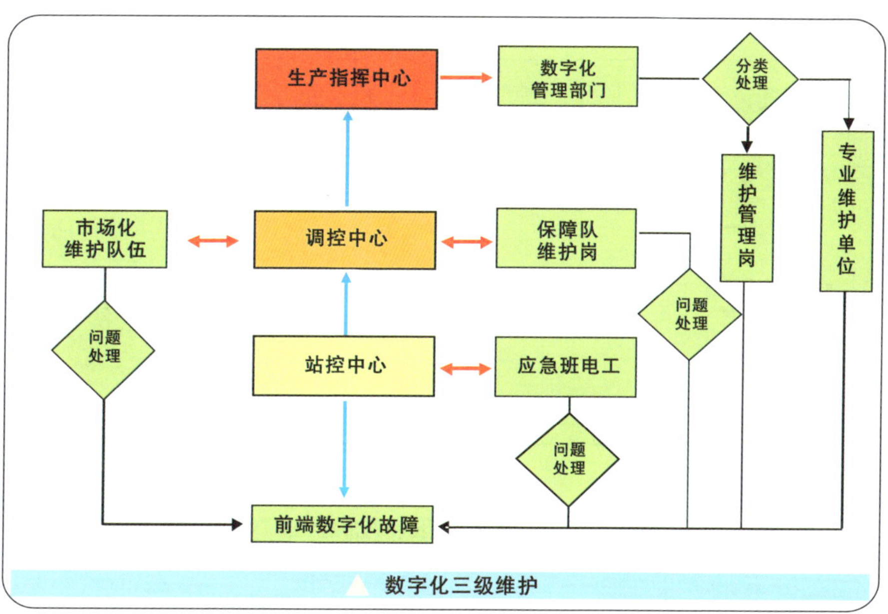

数字化三级维护

班站级维护：发现问题后通知应急班进行排查处理，无法处理时上报作业区调控中心。

作业区级维护：调控中心将班站级问题进行分类，根据问题难度级别分发给生产保障队和市场化维护队伍，并负责现场监督和检查考核。

采油厂级维护：生产指挥中心将作业区级问题进行分类，针对不同问题分发给数字化管理部门和市场化维护队伍，并负责质量检查和考核评比。

四、数字化维护物料管理

作业区结合本单位数字化维护工作的需求，编制维护物料购置计划，通过数字化管理部门、物资采购部门逐级审核、审批后，统一组织采购和分发。废旧物料通过检测、维修进行分类管理。

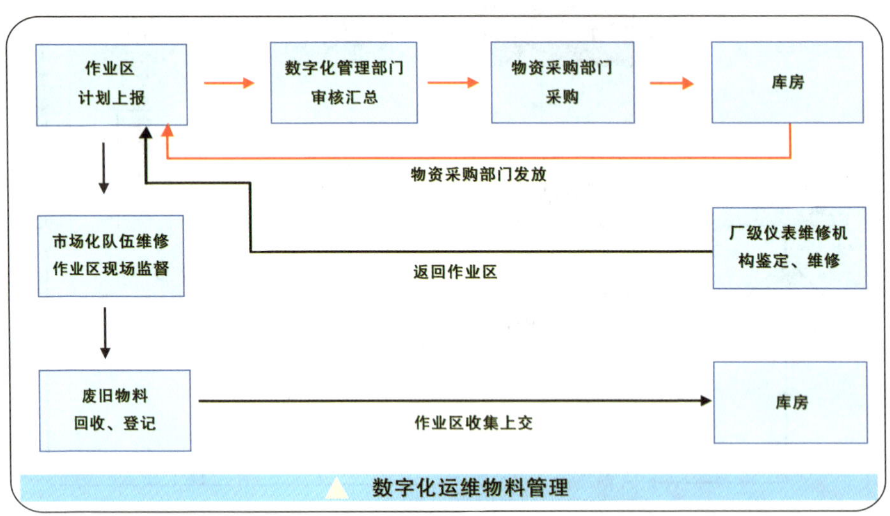

▲ 数字化运维物料管理

参考文献

[1] 项有建. 冲出数字化. 北京：机械工业出版社，2010.

[2] 沙占友，王晓君. 数字化测量技术. 北京：机械工业出版社，2009.

[3] 郑国. 国内外数字化城市管理案例. 北京：中国人民大学出版社,2009.

[4] 戴勇. 生产制造过程数字化管理. 北京：科学出版社，2008.

[5] 杨波，周亚宁. 大话通信——通信基础知识读本. 北京：中国邮电出版社，2009.

[6] 刘振亚. 智能电网知识读本. 北京：中国电力出版社，2010.

[7] 刘美俊. 变频器应用与维护技术. 北京：中国电力出版社，2008.

[8] 段水福，历晓华，段炼. 无线局域网（WLAN）设计与实践. 杭州：浙江大学出版社，2007.

[9] 胡先志. 光纤和光缆技术. 北京：电子工业出版社，2007.

[10] 刘晓辉，张洁. 电脑常见问题与故障1000例. 北京：清华大学出版社，2007.

后记

按照党的十八大及国家“十二五”信息化发展规划目标，推进信息化和工业化深度融合成为国内大中型企业促进经济结构转型，加快转变发展方式的必要手段。中国石油天然气集团公司根据国家信息化发展战略，大力推进信息化管理建设，在数字化管理理论创新和具体实践方面做出了重大贡献，为国内石油行业推广数字化管理提供了宝贵的经验。

首先，在数字化管理建设过程中，我们深深地感到，坚持解放思想是前提，打破传统思想禁锢，突破经验管理的束缚，是推进数字化管理首要解决的问题。其次，坚持“数据流和业务流相统一”是基础，高度重视前端数据的真实性和准确性，实现形式和内容上的统一，是推进数字化管理的根本要求。最后，坚持提升人的综合素质是核心，建设一支适应油气田数字化管理需求的经营管理、专业技术和操作技能人才队伍是推进数字化管理的重中之重。

本书是一线采油单位近5年来推进数字化管理的阶段性成果的提炼和总结，是众多基层管理者、专业技术人员和岗位员工经验和智慧的结晶。特别是在编撰本书过程中，冉新权、冯尚存、朱天寿等专家提出了许多宝贵意见，在此，谨向各位专家、同志们表示崇高的敬意和衷心的感谢！

目前，数字化管理在石油系统推广应用仍然处于完善探索阶段，《油气田数字化管理（采油）》是《油气田数字化管理》系列丛书的分册，之后将陆续出版《油气田数字化管理（集输）》、《油气田数字化管理（采气）》等分册，希望本系列丛书的出版能够进一步加深大家对数字化管理的认识和理解，更好地推动数字化管理，为石油行业提升发展质量和效益，助推国家信息化建设新发展。由于编写和出版时间仓促，书中难免存在不足之处，恳请广大读者指正。